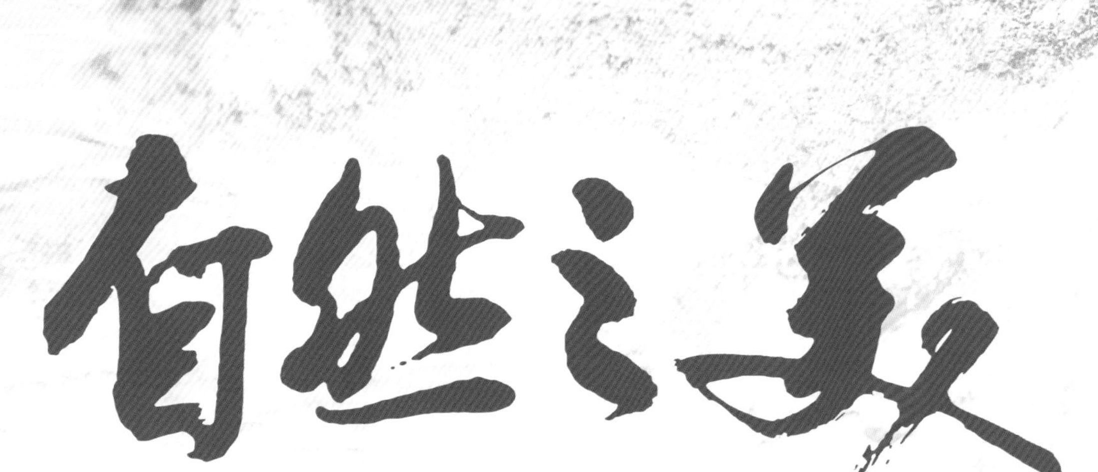


# 数码微距摄影技巧大全

第二版

天 成 编著

中国电力出版社
CHINA ELECTRIC POWER PRESS

## 内容提要

微距摄影是摄影题材中最迷人和神奇的领域，深受广大摄影爱好者的喜爱。

本书详细介绍了微距摄影的知识和拍摄技巧，让您能快速上手，少走弯路。第1章通过精彩的图片和解说使您对微距摄影有个初步的了解；第2章讲解了如何选购微距拍摄器材提供重要的参考意见，包括对相机机身、镜头、相关配件的深入对比介绍，同时，还为野外微距拍摄所需的准备工作进行了细致的说明；第3章全面地解说微距摄影的对焦、用光和构图技巧；第4章结合作者实拍经验，系统地介绍了微距摄影中静物花卉、昆虫微距的实拍技巧；其中大量的生态作品是作者在全国十多个原始森林考察拍摄所得，图片精美，并配有大量的相关文字说明，使初学者在充满趣味的解说中快速掌握拍摄技巧；第5章重点介绍Photoshop、NX2等软件的应用，实例演示RAW文件的处理、调色等后期技巧，深入浅出，通俗易懂；第6章则向大家介绍了作者考察拍摄过的一些原始森林、自然保护区，以及其中精彩的拍摄故事、野外求生的小技巧等。

本书图片精美、技法实用、内容全面、可读性强，是一本非常适合微距摄影爱好者阅读的好书。

**图书在版编目（CIP）数据**

自然之美：数码微距摄影技巧大全 / 天成编著．— 2版．— 北京：中国电力出版社，2019.6

ISBN 978-7-5198-3136-3

Ⅰ．①自… Ⅱ．①天… Ⅲ．①数字照相机—微距镜头—摄影技术 Ⅳ．①TB86 ②J41

中国版本图书馆CIP数据核字（2019）第083576号

---

出版发行：中国电力出版社
地　　址：北京市东城区北京站西街19号（邮政编码100005）
网　　址：http://www.cepp.sgcc.com.cn
责任编辑：马首鳌　（010-63412396）
责任校对：黄　蓓　郝军燕　李　楠
责任印制：杨晓东

---

印　　刷：北京瑞禾彩色印刷有限公司
版　　次：2019年6月第1版
印　　次：2019年6月北京第1次印刷
开　　本：889mm×1194mm　16开本
印　　张：14.25
字　　数：364千字
定　　价：88.00元

---

# 序　言

# Preface

大多数摄影者喜欢将镜头对准那些旖旎的风光、宏伟的建筑、多彩的民俗风情、漂亮的女孩……并为此满世界地跋涉，追逐它们的美。

但是，你可曾知道，有一些美丽就在我们的身边，却一直被忽略着。

它们就在我们的办公桌上，在花圃旁，在那神秘的森林里，也在乡村小路边，甚至在一滴露水中……

这是一个隐藏着神奇和美丽的微观世界，等待着我们去发现和记录。

在我的身边，就有一位这样的摄影人——天成，多年以来，他孜孜不倦地将镜头对准着这个小世界，沉迷在其中。

在他的摄影作品中，你会看到娇柔的小花小草，如同汽车般庞大的甲虫，碧玉雕成一样的蝉，花前月下缠绵的小虫，充满母爱的蜘蛛，同仇敌忾的大黄蜂……

你会在他的摄影作品中发现，美就藏在我们脚边的那片落叶中，在枝头的花瓣上，在杂草丛中……

如今，天成将他的作品与微距摄影的心得，在各地森林、自然保护区的拍摄经历和有趣的故事，以及大量的昆虫科普知识结集成书，这一定是一本技巧与趣味完美结合，精彩纷呈，值得微距摄影初学者、生态昆虫爱好者拥有的好书。

打开微观世界大门的钥匙，或许已经握在你的手中。

一滴水里就有一个生命，一个生命就是一个传奇！朋友们，你们还等什么？拿起手中的相机，一起打开这扇大门，记录微观世界的美，向更多的人展示它们的神奇吧！

郑chen一

《大众摄影》副社长、执行主编

佛曰:“一花一世界，一叶一天堂。”微观世界，是如此的神奇，让人痴迷其中，不能自拔。

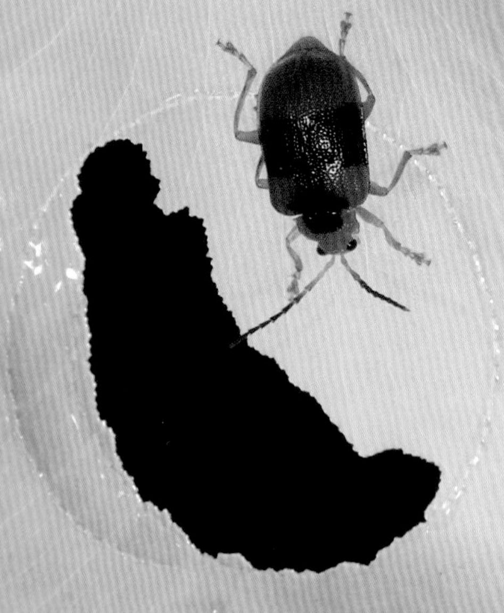

《山珍之花》——惠州南昆山，一株美丽异常的竹荪。竹荪是寄生在枯竹根部的一种隐花菌类，被人们称为“雪裙仙子”，其营养丰富，香味浓郁，滋味鲜美，自古就被列为“草八珍”之一。

《杀机四伏》——一只狼蛛正躲在花瓣后面，准备对小螽斯展开致命一击。

《金蝉脱壳》——在广东廉江野生荔枝林保护区，一只蝉正在羽化，它那闪闪发光的身体，碧玉一般精美的翅膀，让人感叹大自然造物主的神奇。

《凤蝶戏水》——在八寨沟，一只美丽的燕尾凤蝶正在溪水边上吸水降温。

# 目 录
Contents

什么是微距摄影？让我们一起来揭开它的神秘面纱。

“一粒沙里有一个世界，一朵花里有一个天堂”，这就是微观世界的写照。人们常常引用钱钟书先生的著作《围城》里“麻雀虽小，五脏俱全”来形容那些体积虽小，内容却很齐全的事物，但在微观世界里，有无数比麻雀更加微小但五脏俱全的生命，有比《格佛列游记》中的小人国更加神奇的事物。

下面就让我们一起走近微距摄影，走进这神奇的“微”世界！

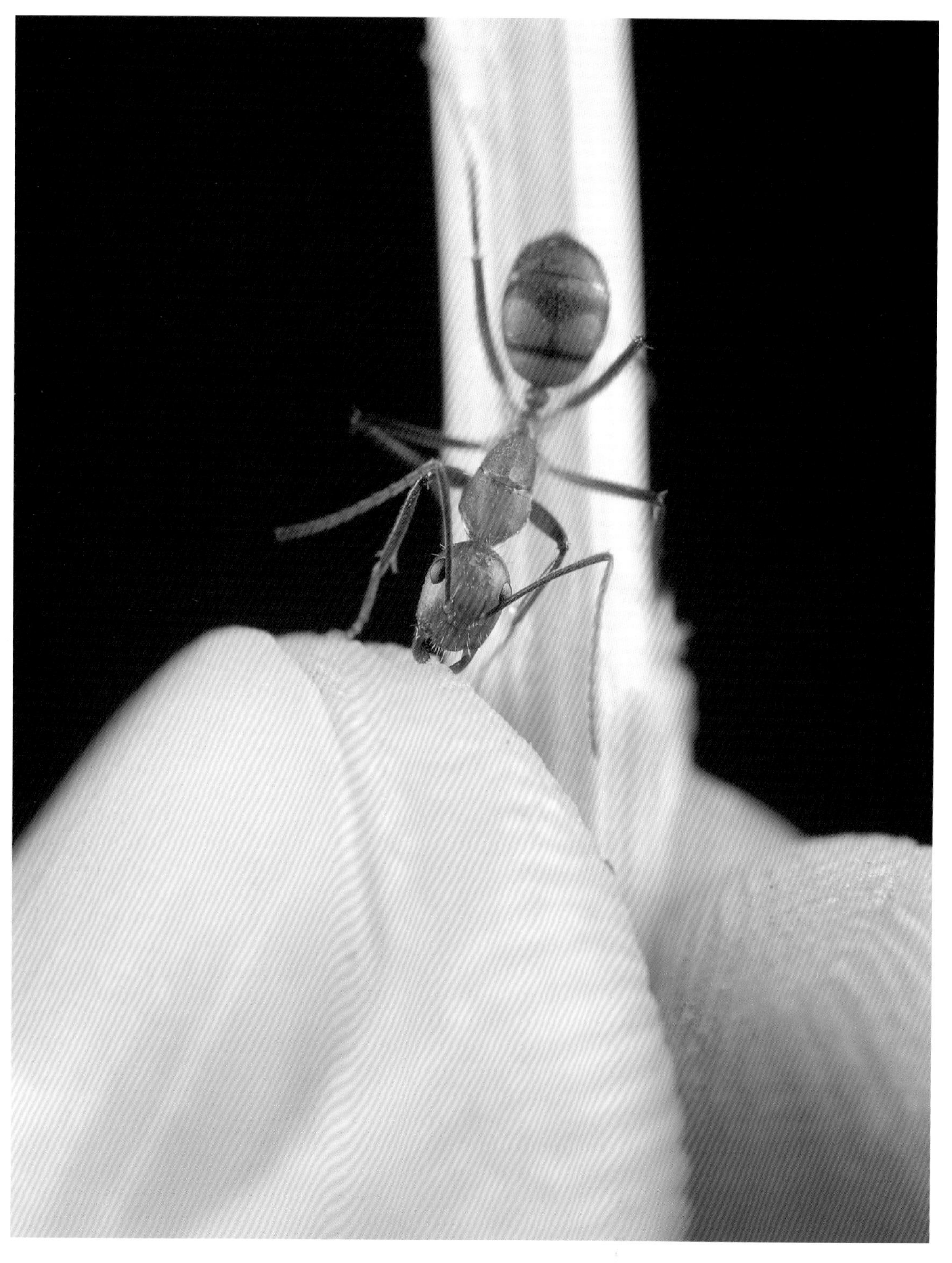

微距摄影就如同一个高倍的放大镜，将细微的物体放大，将肉眼看不到的细节与纹理重现，带给人们不可思议的视觉震撼与感受。

# 1.1 什么是微距摄影

微距摄影是指通过相机以非常近的距离拍摄，物体在相机成像芯片上投射的影像达到 1：1 甚至更大的拍摄方式。

1 : 5

1 : 3

1 : 2

1 : 1

# 1.2 放大倍率

放大倍率也被称为复制比，是体现微距镜头性能的重要参数。微距镜头能够达到 1：1 的放大倍率，有一些特殊的微距镜头甚至能够达到 5：1 的放大倍率。如果放大倍率低于 1：1，严格来说，这样的镜头不能称为真正的微距镜头。

放大比率的标示中，左边的数值代表感光元件平面上影像的大小，右边的数值则代表被摄主体的大小。当镜头达到 1：1 的放大倍率时，即可将实物的真实大小完全投射在感光元件上。左边的数字越大，放大的倍数便越高，例如 2：1 的放大率便比 1：1 高；若右边的数值较左边的越大，放大率便越小。

在拍摄中，并不会严格定义放大倍率一定要达到多少才是微距摄影，我们应该根据不同的拍摄对象和画面要求调整放大的倍率，一切从表现美的角度出发。

高放大倍率能够将微小的拍摄对象，如小昆虫的细节完美地表现出来。

## 1.3 微距摄影的拍摄对象

微距摄影是摄影题材中最具有魔力的，它有着化腐朽为神奇的力量。微距的拍摄对象包罗万象，无论是千奇百怪的小昆虫、漂亮的花卉，还是普通的水滴、小人偶、首饰、邮票、电路板……都可以成为微距摄影的对象。

通常，我们将微距摄影的拍摄对象分为动态和静态两类，动态的主要包括小昆虫、小动物；静态的有花草、水果、各种器物的全部或局部等。

小鸭子、小鸟等体形较小的动物在微距表现下会非常的可爱。

千奇百怪的小昆虫是微距摄影的主角，充满着挑战和未知的昆虫世界，让很多摄影人乐此不疲。

花卉也是微距摄影爱好者喜爱的题材，花的形状、颜色、纹路、像珍珠一样的花粉……每一个细节都能够成为微距摄影创意的源泉。

一滴再普通不过的水珠，在微距摄影的表现下也会变得与众不同。

颜色丰富的食物也是微距摄影的好题材，比如右图中的蟹籽，晶莹剔透，让人垂涎欲滴。

玩具、小工艺品也是微距摄影的重要题材。例如，你可以为书橱里的小人偶编排一个故事，拍一组图，配上文字，一定很有意思。

产品拍摄往往也离不开微距摄影。

工欲善其事，必先利其器。微距摄影更是如此！

不少微距摄影初学者，在选购微距器材的时候，很容易走进误区。我也曾有这样的经历，总想着哪一个微距镜头成像效果最好？有没有更好的？以至于前后一共买了 5 个不同的微距镜头。

其实，合适自己的才是最好的。

为什么这样说呢？例如 60mm 和 180mm 的微距镜头，几乎所有的教科书、网上的点评都会告诉你，180mm 微距镜头更好，工作距离更远，方便布光，在野外拍摄微距时不容易惊动昆虫，背景虚化更漂亮等。但亲身体验，你就会知道，180mm 微距镜头由于焦距长，对光线的要求更高，几乎不能离开脚架来使用。而像 60mm 的微距镜头更加轻便灵活，适合拍摄较小的物体，但是如果用来拍摄蝴蝶这类比较活跃的昆虫，就比较吃力了。其实，每一个焦段都有其优势和劣势，我们很难把全部焦段的微距镜头都买下来，这就要进行取舍了，比如我经常拍蝴蝶，买 180mm 微距更合适，如果要拍小蚂蚁，60mm 微距会更加方便，起码加上双头闪光灯后，不会变得沉重无比，手持无压力。综合比较，我更加建议大家购买焦距短一些的微距镜头，当然，如果你足够狂热，买两支微距镜头组合使用，那就更完美了。

现在市面上常见的微距摄影器材主要分为三类：①微距功能出色的轻便 DC；②通过在普通镜头上增加近摄镜来实现微距拍摄功能；③使用专业微距镜头以及附件。

它们都有哪些区别，拍摄的效果如何，有何优缺点？在下面的章节里，我将为大家详细解说，相信看完之后，大家对于如何配置自己的微距器材就心中有数了。

各种各样的微距摄影装备

## 2.1 使用轻便型数码相机进行微距摄影

使用轻便 DC 进行微距摄影是一个经济实惠的选择，能够让初学者快速入门，锻炼拍摄的技巧，避免在复杂昂贵的单反微距系统中迷失方向。

或许很多人认为，轻便 DC 只适合初学者，其实小 DC 一样可以拍出很漂亮的微距，而且有很多专业生态摄影师也使用 DC 来拍摄微距，如著名的日本生态摄影家栗林慧先生就常用理光 DC 拍摄昆虫。

相对于单反数码相机而言，轻便 DC 有下列优势:

（1）DC 拥有广角微距。广角微距在放大主体的同时，还能够容纳更多的环境信息，而现在的单反微距镜头多是 50mm 以上的焦段。

（2）DC 采用液晶屏取景，加上小巧，在构图等方面比单反更加方便。

（3）DC 的价格低廉，价钱仅仅是单反微距装备的零头。

（4）DC 的景深比较大，拍摄的时候相对容易控制。

如果你手中已经有数码相机，不妨打开相机，按下它的微距功能键，对着身边的物件测试一下它的最近对焦距离，如果是 1 ~ 5cm，你就可以拿它来练习微距摄影了。

《蜕变中的蝉》：这张作品使用的正是卡片相机，采用手电筒打光，三脚架辅助稳定，效果出众，不比单反差！

# 2.2　使用数码单反相机进行微距摄影

与 DC 相比，数码单反相机采用了更大面积的感光元件，拥有更强大的对焦性能，以及先进的处理系统，在画面的质量、细节还原、色彩还原、宽容度方面都是 DC 不能相比的。

不过单反相机也有不足的地方，体积大、笨重，价格昂贵，一套微距拍摄器材少则数千，多则数万。不过，在单反相机所带来的成像效果和拍摄的乐趣面前，这些又算得了什么呢！

## 2.2.1　单反相机机身的选择

对于微距摄影，相机机身虽然不是决定性的因素，但它关系着画质、对焦性能、机身操控等，这些因素都能够对摄影者的创作情绪产生影响，因此，单反相机机身也是很重要的。

数码单反相机按照感光元件的大小可分为全画幅和 APS-C 画幅两种，前者采用与传统 135 胶片同样或者相近大小（36mm×24mm）的感光元件，后者的感光元件大小为 24mm×16mm 左右。

APS-C 画幅相机需要乘以焦距转换系数，佳能的是 1.6 倍，尼康的是 1.5 倍。以焦距倍数 1.5 为例，一个 50mm 的镜头在非全幅单反上获得的视角和全画幅相机上的 75mm 镜头视角一样。这就意味着，一个 60mm 的微距镜头在 APS-C 画幅相机上与 90mm 微距镜头的视角相当，在相同的拍摄距离下，被摄对象由于镜头视角变小而变得更大，这就是 APS-C 画幅相机在微距摄影中的优势。

全画幅相机的优势在于大感光元件让画面的噪点更少，宽容度更高，在弱光环境下可获得更高的快门速度。

就微距摄影而言，我更倾向推荐非全画幅的相机，因为随着技术的进步，APS-C 画幅相机的噪点控制已经有了很大的提高，而且，价格要比全幅的低很多。

现在的数码单反相机的品牌主要有尼康、佳能、索尼、宾得等，它们都有各自的微距镜头系列，在功能与成像上也各有特点。购买的时候，一般根据自己已有的镜头选择机身，以避免重复投资。

市面上还有索尼、松下、奥林巴斯、富士等公司推出的微单相机、无反相机，单反和无反是两种不同的影像系统，后者由于去掉了反光板，可以实现更小的体积。不过，无反相机在镜头和附件的丰富程度上与单反系统还有不小的差距，在这里就不多做论述了。

无反相机

单反相机

## 2.2.2 微距摄影装备分析

使用单反相机进行微距摄影，镜头是最关键的。如果你热爱微距摄影，并打算投身其中，那么，一只专业的微距镜头是必不可少的，它可以让你获得更好的成像质量。不过微距镜头比较贵，如果你不想一下投入太多，也可以在原有镜头的基础上通过加装近摄附件来进行微距拍摄，效果也挺不错。

### 1. 反接环

镜头反接环其实就是一个简单的金属连接环，它的作用是将镜头反转安装在机身上，通过颠倒镜头前后焦距的方式来缩短焦距，获得更高的放大倍率。使用反接环拍摄时，焦距是不能调节的，只能通过移动镜头与被摄主体之间的距离进行对焦。

优点：价格便宜，用广角镜头反接还能获得比 1：1 更大的放大倍率。

缺点：镜头与机身之间没有数据交换，曝光控制需要更多的经验。对于即拍即看的数码相机而言，这并不是很大的问题。

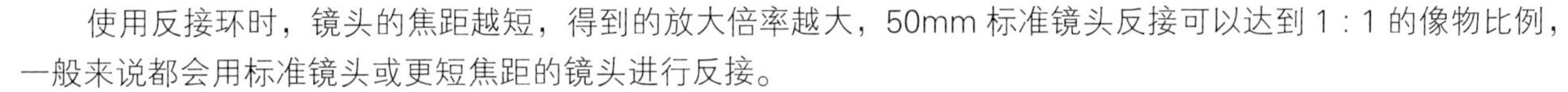

使用反接环时，镜头的焦距越短，得到的放大倍率越大，50mm 标准镜头反接可以达到 1：1 的像物比例，一般来说都会用标准镜头或更短焦距的镜头进行反接。

### 2. 近摄接圈

近摄接圈大多是金属的，使用时像安装增距镜一样附加在机身与镜头之间，近摄接圈的工作原理与皮腔相同。通常接圈有不同的长度，如 Kenko 自动近摄接圈分为 36mm、20mm 和 12mm，还可以任意组合，以得到需要的放大倍率。高质量的近摄接圈带有 TTL 测光和 AE 模式，也可以进行自动对焦。

近摄接圈没有玻璃镜片，理论上，它不会降低成像的清晰度，但会减少镜头的通光量，需要更长的曝光时间。

优点：成像质量较好，可组合成不同的放大倍率。

缺点：自动对焦性能不够出色，光线暗的时候对焦困难。

### 3. 近摄滤镜

近摄滤镜也称为近摄镜，可直接安装在镜头前面，使用近摄滤镜是微距摄影最简单、最经济的方法。近摄镜常有 +1 到 +10 不等的屈光度，可以单独或组合使用。

优点：近摄滤镜的优点是便宜，如国产的绿叶牌近摄滤镜，50 元一套，体积小，易携带。

缺点：近摄滤镜如果不组合一起用，放大倍率有限。组合后屈光度变大，成像的质量会降低很多，而且对焦也变得困难，一般只适合偶尔拍拍微距的业余爱好者。

### 4. 近摄皮腔

近摄皮腔相当于柔性的近摄接圈，通常是由安装在一个金属导轨上的两个金属接口组成，一端接口连接机身，另一端接镜头，中间的皮腔是一种可以伸缩的耐光材料构成。带有导轨滑动支架和齿轮结构的皮腔可以精确调整放大的倍率。

优点：近摄皮腔比近摄接圈在控制放大倍率上更加灵活，价格也实惠，国产的微距皮腔价格大约在 200 元。

缺点：体积较大，几乎不能离开三脚架独立使用，在户外拍摄不方便。

### 5. 微距镜头

微距镜头采用特殊设计，不需要加装近摄镜或近摄接圈等附件就能在非常近的距离处拍摄微小物体的特写，而且像场非常平直、分辨率高、畸变像差小，影像的对比度也比较高、色彩还原好。

专业微距镜头的放大倍率要求达到 1 : 1，有些甚至能达到 5 : 1，如佳能的 MP–E65mmf/2.8 微距镜头。

优点：成像质量好，微距镜头的锐度是其他普通镜头不能相比的，用来进行人像摄影也很不错。

缺点：几乎没有，如果你不介意高昂的价格的话。

近摄接圈＋微距镜头，能够获得2∶1以上的放大倍率。

专业微距镜头的成像对比度高、色彩还原好。

## 2.2.3 微距镜头的选购

市场上常见的微距镜头几乎都采用定焦设计，主要有三类焦距：标准（50/55/60mm）、中焦（90/100/105mm）和长焦（150/180/200mm），还有各种为APS-C画幅专门设计的微距镜头，如图丽35mm F2.8 DX Macro AT-X PRO、尼康的40mm F/2.8G AF-S DX Micro等，这些镜头的最大放大倍率都可以达到1：1，并能在无限远合焦。

面对种类繁多的微距镜头，一定要根据自己的拍摄对象、用途来选择，虽然不能尽善尽美，但却是最合理的。

标准微距镜头：

优点：成像锐利，轻便，价格相对便宜。

缺点：背景虚化能力不强。

**适用范围：**拍摄静物和活动性不是很强的小型昆虫，也可翻拍图片资料，兼拍人像。

**点评：**视角广，可容纳较多的环境信息。焦距短，在拍摄昆虫的时候，容易干扰被摄对象，好处是手持拍摄不吃力。

中焦微距镜头：

优点：背景虚化能力强，适用范围广。

缺点：原厂的价格昂贵。

**适用范围：**拍摄静物、人像、昆虫等，也可用来拍摄图片资料。

**点评：**虽然中庸，但这个焦段最受微距摄影爱好者的欢迎。

长焦微距镜头：

优点：焦外虚化很漂亮，对焦距离比较长，在户外拍摄花卉或昆虫比较容易布光，不容易干扰被摄物体。

缺点：体积大，对快门要求高，手持拍摄困难，价格昂贵。

**适用范围：**昆虫、花卉、人像。

**点评：**此焦段的镜头很适合拍摄不容易接近的大型昆虫，如蝴蝶、蜻蜓等，对光的要求高，要用好不容易，大多时候需要配合三脚架使用。

变焦微距镜头

尼康Ai AF 70-180mm F4.5-F5.6D微距镜头是市场上唯一的变焦微距镜头，可惜早已经停产，在二手市场也很难找到它的踪影，有的话价格也很昂贵，在这里就不多说了。

**防抖与对焦**

随着技术的发展，不少厂家推出了带有防抖功能和超声波对焦的微距镜头，能在更低的快门速度下获得清晰的图像，对焦更加安静快捷。在这要提一下的是腾龙公司的第十代产品——SP 90mm F2.8 Di MACRO 1:1 VC USD，这款镜头采用了全新的光学结构设计，配备VC光学防抖系统、USD超声波马达，画质水平则更上一层楼。

## 2.2.4 热门微距镜头推荐

### 1. 尼康AF–S DX marco 40mm f/2.8G

尼康 AF–S DX marco 40mm f/2.8G（后文简称：40 微）是尼康最新的微距镜头，定位于入门级别，专为 APS–C 尺寸的数码单反而设。40 微搭载了宁静、高速的超声波对焦马达，采用 7 组 9 片的镜片结构，但并没有加入 ED 镜和非球面镜片。而价格方面 40 微是目前尼康镜头中最便宜的微距镜。

参数规格：
焦　　距：40mm
最大光圈：F2.8
最小光圈：F22
镜头结构：7 组 9 片
最近对焦距离：16cm
放大倍率：1 : 1
滤镜尺寸：52mm
体　　积：68.5mm × 64.5 mm（直径 x 全长）
质　　量：约 235g

### 2. 索尼 50mm F2.8 Macro

这是一支小巧的 50mm 标准微距镜头，金属结构，手感很好。圆形光圈，散焦效果出色。镜头不仅具有很好的操控性（自动对焦时不用转动对焦环），而且成像优秀，有美能达专业镜头的风范。

参数规格：
焦　　距：50mm
最大光圈：F2.8
最小光圈：F32
镜头结构：6 组 7 片
最近对焦距离：20cm
放大倍率：1 : 1
滤镜尺寸：55mm
体　　积：71.5mm × 60mm（直径 x 全长）
质　　量：295g

50mm 左右的微距镜头可以容纳更多的环境细节。

35mm 微距镜头的拍摄效果。

### 3. 尼康 AF-S Micro NIKKOR 60mm F2.8G ED 镜头

它是尼康 AF Micro 60mm f/2.8D 的升级版，采用内对焦设计。它采用非球面镜片，使用纳米结晶涂层技术，ED 镜片的使用让这款镜头在锐度和色彩上有着良好的表现。

60mm 微距在拍摄小型昆虫的时候非常有优势，而且轻便，可不用三脚架，即使长时间手持拍摄也没有问题。

**参数规格：**

**焦　　距：**60mm
**最大光圈：**F2.8
**最小光圈：**F32
**镜头结构：**8 组 9 片
**最近对焦距离：**18.5cm
**放大倍率：**1：1
**滤镜尺寸：**62mm
**体　　积：**73mm×89mm（直径 x 全长）
**质　　量：**425g

### 4. 宾得smc PENTAX-D FA MACRO 100mm F2.8 WR 镜头

它是宾得首款采用圆形光圈叶片的微距镜头，无论用来拍摄人像或微距，都可生成自然美丽的焦外虚化效果，光学性能出色。

**参数规格：**

**焦　　距：**100mm
**最大光圈：**F2.8
**最小光圈：**F32
**镜头结构：**8 组 9 片
**最近对焦距离：**30cm
**放大倍率：**1：1
**滤镜尺寸：**49mm
**体　　积：**65mm×80mm（直径 x 全长）
**质　　量：**340g

60mm 微距镜头在拍摄大型昆虫的时候背景虚化能力较弱。

60mm 微距镜头轻便，对焦距离小，适合拍摄一些体形比较小的昆虫。

### 5. 腾龙SP 90/2.8 Di MACRO 1:1 VC USD

这支中长焦微距镜头采用内对焦设计，多层镀膜镜片，拥有 F2.8 的大光圈，搭载了新型 VC 光学防抖系统。

在我使用过的所有微距镜头中，这只微距镜头漂亮的散焦效果和宁静快速的对焦性能，出色的成像效果，给我留下了深刻的印象。

参数规格：

焦　　距：90mm

最大光圈：F2.8

最小光圈：F32

镜头结构：11 组 14 片

最近对焦距离：30cm

放大倍率：1：1

滤镜尺寸：58mm

体　　积：76.4mm×122.9mm（直径 x 全长）

质　　量：550g

### 6. 尼康AF-S VR 105mm F2.8G IF-ED微距镜头

它是世界上首款带有宁静超声波驱动马达和防抖系统的微距镜头，尼康在其身上应用了各种高新技术，如纳米晶体涂层、超低色散 (ED) 玻璃和内部对焦 (IF) 等。

该镜头做工出色，对焦快而安静，成像锐利，色彩真实自然，焦外虚化漂亮，而 VR 防抖技术的应用则大大提高了手持近摄的稳定性。和佳能新百微一样，阻挡你拥有它的唯一原因就是昂贵的价格了。

参数规格：

焦　　距：105mm

最大光圈：F2.8

最小光圈：F32

镜头结构：12 组 14 片

最近对焦距离：31cm

放大倍率：1：1

滤镜尺寸：62mm

体　　积：83mm×116mm（直径 x 全长）

质　　量：790g

这张格桑花的照片充分体现了腾龙 90mm 微距镜头的虚化能力，这也是为什么更多的人选择 100mm 左右微距镜头的原因。

7. 佳能EF 100mm F/2.8L IS USM 微距

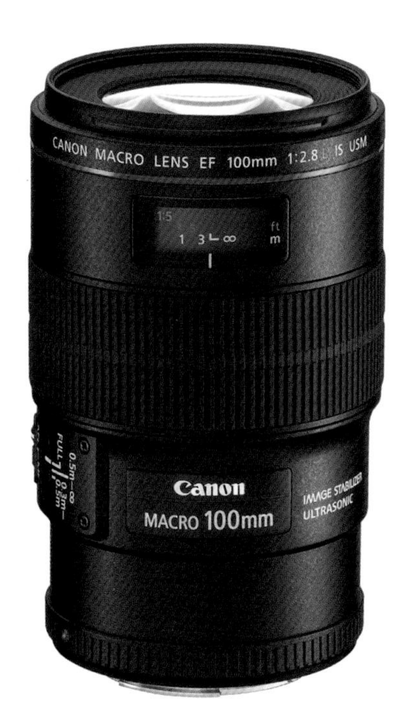


它是佳能著名的百微镜头的进化版本，镜头做工精良，可自动对焦，环形超声波马达对焦宁静迅速，双重 IS 影像稳定器可实现约相当于 4 级快门速度的手抖动补偿效果，而且防水防尘，虚化效果出色。

相比老款的百微，新百微的外观和性能都有明显的改善，但价格也提升了不少。

**参数规格：**

**焦　　距：**100mm

**最大光圈：**F2.8

**最小光圈：**F32

**镜头结构：**12 组 15 片

**最近对焦距离：**30cm

**放大倍率：**1：1

**滤镜尺寸：**67mm

**体　　积：**77.7mm×123mm（直径 x 全长）

**质　　量：**625g

8. 佳能EF 180mm F/3.5L USM 微距

这款微距镜头采用浮动对焦系统，做工完美，无论是对焦的速度还是精准度、成像的锐度和色彩都有令人惊叹的表现。

**参数规格：**

**焦　　距：**180mm

**最大光圈：**F3.5

**最小光圈：**F32

**镜头结构：**12 组 14 片

**最近对焦距离：**48cm

**放大倍率：**1：1

**滤镜尺寸：**72mm

**体　　积：**82mm×187mm（直径 x 全长）

**质　　量：**1090g

180mm 的微距镜头，可以让你突破一些空间的限制。

在拍摄比较危险的动物时，使用长焦微距镜头会更加安全一些。

长焦微距镜头尤其适合拍摄一些行动敏捷、善于飞行的昆虫。

## 2.2.5 微距摄影的其他附件

在微距拍摄中，当拍摄对象体型较小时，在高放大倍率下，镜头的有效光圈会急剧减小，相应地快门速度也会很慢，这时如果你仅有微距镜头或者近摄接圈这类装备，只依赖自然光进行拍摄，那拍摄将会变得很困难。因此，我们需要闪光灯、三脚架等其他附件的支持。

### 1. 闪光灯

微距摄影中用来补光的闪光灯大致有三种：

（1）内置闪光灯。数码相机的内置闪光灯不会增加拍摄者的额外负担，但位置固定而且高度不够，不能改变光发射的方向，常常给拍摄对象留下强烈的阴影，影响主体的表现，还会造成相机电量的大量消耗。

（2）外置闪光灯。这类闪光灯功率大，回电快，能够调节闪光的方向和角度，布光方便。选购的时候一般应选择带 TTL 功能的闪光灯，如果还带有无线离机闪、高速闪光同步等功能就更好了。

（3）专业微距闪光灯。又称为环形微距闪光灯，有一体式和双头式两种设计，如佳能微距环形闪光灯 MR-14EX、尼康的 R1C1 微距闪光系统等，这类闪光灯专门为微距摄影设计，双头式可灵活调节灯位、方向，效果出众。

如果你的资金充足，建议你购买专业微距闪光灯。

内置闪光灯。

带 TTL 的外置闪光灯。

专业微距双头闪光灯。

闪光灯前要加上柔光罩。

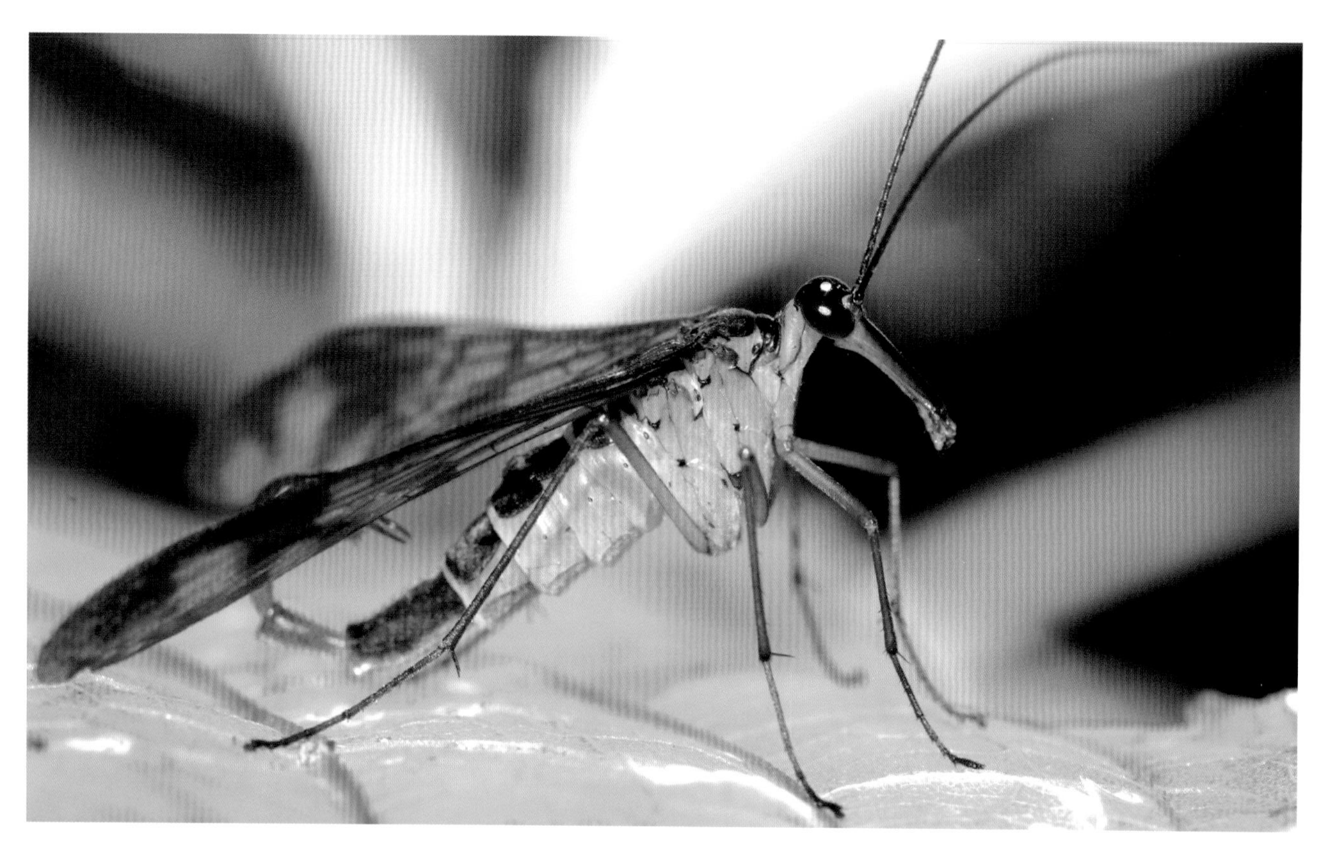

使用一只闪光灯进行离机闪的效果。

使用双头闪光灯的画面效果。

2. 三脚架和云台

有不少初学摄影甚至一些有摄影基础的影友，对三脚架在摄影中的作用并不重视，认为它是个笨重的累赘。

其实，三脚架的作用非常大，它不仅能够让相机保持稳定，获得清晰的相片，还能够帮助我们拍出一些有创意的作品，喜欢拍摄风光、夜景、鸟类的摄影师对此应该深有体会。

同样，微距摄影也很倚重三脚架。由于微距摄影的放大倍率高，轻微的抖动都会让画面模糊不清，快门的速度会因为光线不足而变得很慢，相信很少人能在 1/8 秒、1/15 秒的快门下，手持拍摄获得清晰的画面，所以一个稳定性好、操控便捷的三脚架对于微距摄影来说是必不可少的。

性能出色的三脚架除了具有操作快捷、稳定的优点，还要能适应低温寒冷、急流险滩等各种恶劣的拍摄环境，为相机和拍摄提供足够的安全保障。

应考虑最低拍摄高度。

应方便快速收合。

要注意云台的负重能力和稳定性能。

每一位摄影师都希望自己的三脚架是既轻又稳的，尤其是进行户外生态微距摄影的时候，这种愿望尤其强烈。当需要跋山涉水时，轻便是不得不考虑的因素，过重的装备会影响摄影者的体能和心情。

目前市场上的三脚架多以合金、塑料、火山石、碳纤维作为制造材料。塑料的稳定性差，只能用来支撑卡片相机，铝合金材质的价格便宜，但比较重，而以火山石或碳纤维材料制造的脚架，在相同负重能力下，其质量要比其他金属架轻 30%左右，只是其价格贵一些。

以辉驰的黑钻系列脚架为例，碳纤维架子负重能力为 10 ~ 15kg，云台的负重在 10kg 左右比较适合，整体脚架打开迅速，装载快捷安全，稳定性好，连云台也不超过 2kg。

3. 快门线

在按下快门的瞬间，或多或少会因为力道过大而导致相机震动、歪斜，破坏画面的完整性和清晰度，避免此种情况发生的办法就是使用“快门线”。

4. 反光板

反光板可以为被摄对象补光，让主体在画面中更加突出。还可以通过它改变画面的色温，比如用金色反光板，让画面增加一些暖调。

在微距拍摄时，大型反光板一般只在室内拍摄静物的时候使用，户外可以使用小型的反光板，或者用一张 A4 大小的锡纸来代替，既便宜又方便携带。

5. 柔光罩

柔光罩是安装在闪光灯上的一种对强烈光线起到柔化作用的装置，它可以将闪光灯射出来的光线变得柔和，使照片看起来更加自然。

如果你常使用闪光灯拍摄微距，它是必不可少的重要附件，会直接影响到画面的效果。

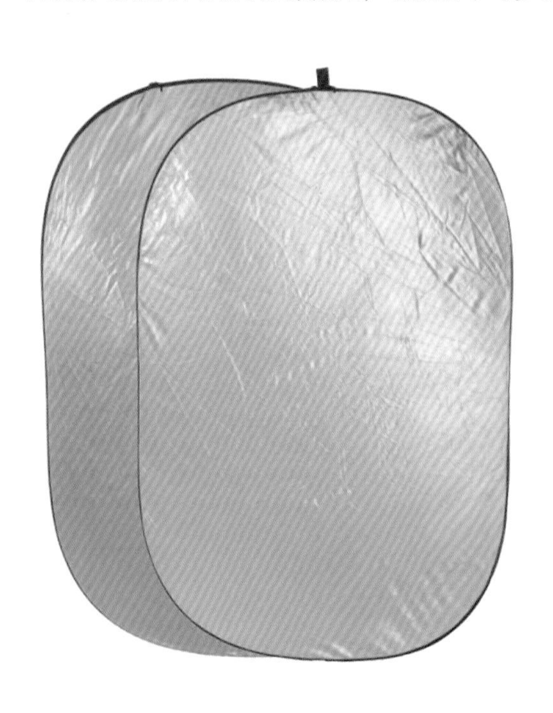

### 6. 摄影包

在户外摄影中，需要携带的器材较多，常要面对复杂的野外环境，跋山涉水，体力耗费很大，因此，对于摄影包的装载能力、背负系统、取用是否方便、防摔防水等性能就有着极高的要求。在选择的时候，我们还要注意摄影包的拓展性，要预计未来增加镜头后是否还有足够的容纳空间，避免重复投资。

如果器材较少，短途拍摄，单肩斜挎包是一个不错的选择，如吉尼佛的 61926 摄影包。如果器材多，则可以选用装载能力强，背负舒适的双肩摄影包。

下面以我们经常在拍摄中使用的吉尼佛登山摄影包为例，详细介绍选购摄影包的关键要点，以供大家参考。

（3）背负系统出色的摄影包背带较宽厚，可调节长短，背部散热效果好，符合人体工程学的设计能减轻摄影师的负担。

（1）摄影包应结实耐用，要具有防雨防摔的能力，一般使用 **600D** 以上高密度经过防水处理的面料为好，防雨罩也是全天候拍摄不可或缺的保障。

（4）外挂三脚架的功能实用方便。

（5）摄影包的防盗与隐蔽性很重要，摄影器材比较贵重，拉链的设计、朴实的外观，能够减少这些风险。

（2）摄影包的装载能力是不能忽视的，因为要装的东西实在很多，除了机身、镜头，还要装载闪光灯、电池、储存卡、防雨用具、食物、衣服等。

《大眼睛》——这条胖乎乎的虫子背上拟态出像蛇一样的大眼睛，真的是吓死天敌没商量。

在这一章中，将会详细讲解微距摄影的对焦、构图、用光等技巧，让您在拍摄中应对自如。

当准备好微距摄影器材后，我们就可以在对焦、构图、光线运用等方面做一些练习，掌握微距拍摄的技巧，让自己的作品变得更加出色。

# 3.1 微距摄影的对焦技巧

## 3.1.1 可靠的手动对焦

一张微距摄影作品，其中主体是否清晰，细节是否丰富是决定成败的重要因素，这离不开精准的对焦，而手动对焦则是常用的对焦方式。

或许你会问，自动对焦功能已经很先进，为什么还要用手动对焦？但真实的情形是，手动对焦更加精准，而自动对焦焦点不准的概率会大得多。

而导致自动对焦困难的原因主要有：①被摄对象体形太小；②背景杂乱；③景物主体反差小；④主体与背景反差过大；⑤环境亮度过高或过低；⑥主体在对焦区域外；⑦相机自动对焦时习惯会将焦点优先落在离镜头最近的那个点上，而这个点常常并不是你所要的焦点位置。

在以上情形中，自动对焦常常会变得缓慢犹疑，焦点不准确。因此，在微距摄影中，尤其是在户外拍摄，建议使用手动对焦方式，虽然它需要拍摄者付出更大的耐心。

在这张图中，如果使用自动对焦功能，焦点往往会落在蜘蛛前面的花瓣上，因为它离镜头更近，颜色更明亮。

眼睛是焦点所在，图中这只小虫眼睛很小，头部还有触角，拍摄中，使用自动对焦很难让焦点准确地落到眼睛上，即使是单点对焦也很困难。

像拍摄蜥蜴、青蛙这类体形较大的小动物，眼睛较大或者环境干扰少的时候，使用自动对焦功能会更快捷。拍摄中，使用何种对焦方式，应根据不同的对象灵活运用。

## 3.1.2 如何提升对焦的成功率

微距摄影中对焦是一个难点，特别是在户外拍摄昆虫等小动物时，常常只有拍摄几张的机会，甚至只有一张，为什么？因为这些小家伙可不是你花钱请来的模特，一有风吹草动，它们就会溜之大吉。所以，熟练掌握对焦的技巧，不管采用手动对焦还是自动对焦，我们需要尽量提升对焦的成功率，不然就会错过出好作品的机会。比如你拍十张，对焦清晰的能有几张？能不能在拍摄 1~2 张的情况下就可以获得清晰的作品？在这里，我和大家分享一些在实拍中的对焦技巧，以便提升对焦的成功率。

### 1. 使用单点自动对焦进行拍摄

在拍摄较大的静物或者动物的时候，我常常采用单点自动对焦的方式。如下图中的树蛙，它的眼睛较大，对焦区域清晰，这个时候你甚至可以把相机伸到离被摄主体更近的位置，眼睛不用贴在取景框上就可观察到对焦是否成功，当半按快门，听到合焦成功的声音后，马上按下快门。只要你的手不抖，成功率就会非常高。

使用单点自动对焦进行拍摄，把焦点放在青蛙的眼睛位置上进行对焦。

### 2. 采用手动对焦进行拍摄

拍摄细微的物体，焦点相差在毫厘之间，因此，精准和稳定是很重要的。在拍摄中，先根据拍摄物体的大小，判断应该采用多少的放大倍率，然后根据倍率设定对焦环的位置。比如拍摄一个蚂蚁，我会把放大倍率调到 1:1；如果是拍摄一个蝴蝶，我会调到 1:2 左右的位置。开始对焦时，不要再去调整对焦环，只需通过前后移动相机来找到合适的对焦点。还要注意的是，握相机的手臂弯成 V 字型，肘部可以借助大腿或者物体上进行支撑，以增加稳定性。同时尽量保持呼吸的平稳或者屏住呼吸，当观察到目标焦点位置清晰后，按下快门。采用这样的方法，可以让拍摄的成功率达到 70% 以上。

我们用实例来分析一下，左图中的虎甲，体型在 1~2 厘米之间，根据画面的需要，可以预先设定放大倍率为 1:1，而下图中的凤蝶，体型较大，如果用 1:1 拍摄，只能是表现局部的细节了。因此，放大倍率可以设定在 1:3 左右更合适。

上图中是摄影师正在拍摄凤蝶，其正是预先设定好倍率后，用手肘作为支撑点，通过前后移动身体或相机进行对焦。效果见下图，焦点清晰锐利，这种方法有时候比三脚架更实用。

### 3.1.3 学会控制景深

景深是指焦点前后清晰的范围。在微距摄影中，由于拍摄主体和镜头的距离较小，景深的清晰范围多在数毫米之间，所以，如何控制景深非常重要。

景深的大小主要取决于三个因素：

（1）光圈大小。在焦距不变的情况下，光圈越大景深越小，光圈越小景深越大。

（2）镜头和被摄物之间的距离越远景深越大，距离越近景深越小。

（3）焦距越大景深越小，焦距越小景深越大。

可见，我们可以通过控制光圈、焦距和物距的不同组合来产生不同的景深，这样就可以得到主体清晰、背景虚化的作品。

为了让三只昆虫的头部都获得清晰的细节，我把光圈设成 F16，尽可能让景深范围大一些。

## 3.1.4 调整对焦的角度，通过焦平面获得更多的细节

什么是焦平面？简单来说就是如果你将需要表现的细节内容放在一个平面内，当这个平面与相机感光元件平行时，这个焦平面里的内容就处于同一景深范围，可获得同样清晰的效果。

我们知道微距摄影中景深非常小，在1：2的放大倍率下，F22光圈对应的景深大约是6mm；而1：1的时候，F22光圈对应的景深只有2mm。例如我们拍摄一只蝴蝶，如果要想让蝴蝶的翅膀和头部都清晰，那么正确的办法是把机背调整至与蝴蝶翅膀的立面平行，这种情况下即使F8，甚至F5.6的光圈也可以拥有足够的景深。

焦平面的选择并没有什么一定之规，拍摄一个物体，不论你选择正面还是侧面，斜角还是顶部，调整拍摄的角度，提升焦平面内的细节，才能更好地表现主体。

眼睛与翅膀不在一个焦平面内。

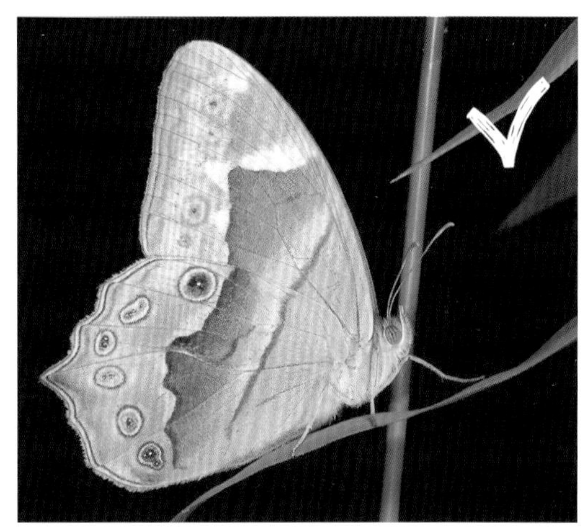

眼睛与翅膀在一个焦平面内。

这张图中，画面的细节偏少，这是因为处在同一焦平面的内容太少了。

调整拍摄的角度，画面的细节得到了提升，效果好了很多。

无论是侧面、正面还是其他角度拍摄，根据焦平面进行适当的微调，会使画面的细节更多，清晰范围更广。

# 3.2 微距摄影的构图技巧

构图源自美术绘画，指的是将各种元素组合、分配在合适的位置使其融为一个整体画面。在绘画和书法中，构图也被称为“布局”“章法”“构成”等。

摄影中，我们将出现在画面中的人或者物体称为元素，如何安排各个元素之间的位置关系，并通过这种安排强化主体元素，以满足拍摄需求，这就是摄影的构图。

微距摄影和其他题材的摄影一样，需要通过构图的形式让画面更具美感，而主次、留白、对比等构图技巧是我们应该熟知的构图基本法则。

## 3.2.1 微距构图的基本法则

1. 主次

画面应该有主有次，主就是你最想要表达的内容，它应该出现在最能够表达、强化它的位置，而“次”是“主”的附属、衬托。

主次的关系常常通过位置、画面比例大小、虚实进行强化。

下面右小图中，复杂的背景、近似的颜色都影响了主体的表现。

虚化的背景，简洁的画面，冷暖颜色的对比，让视点更加集中在主体上。

2. 留白

留白指在作品中留下相应的空白或者空间，避免画面太满，留白是艺术的智慧体现。

如果被摄主体在画面中比例过大，四周缺少空间，会产生局促压抑之感。艺术大师往往都是留白的大师，方寸之地亦显天地之宽。如南宋马远的《寒江独钓图》，画中只见一只小舟，一个渔翁在垂钓，整幅画中没有一丝水，而让人感到烟波浩渺，满幅皆水，予人以想象之余地，如此以无胜有的留白艺术，具有很高的审美价值。

我们在观赏照片的时候，会将自己的思想带到画面中去，因此，善于留白往往能带给人们更多的思考与想象空间。

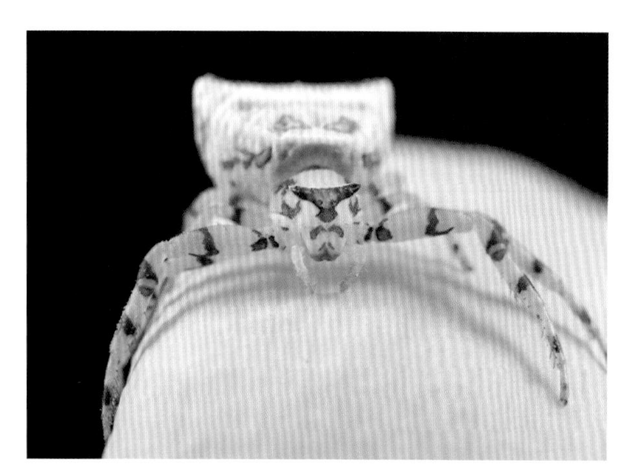

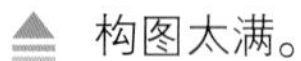

构图太满。

显得局促。

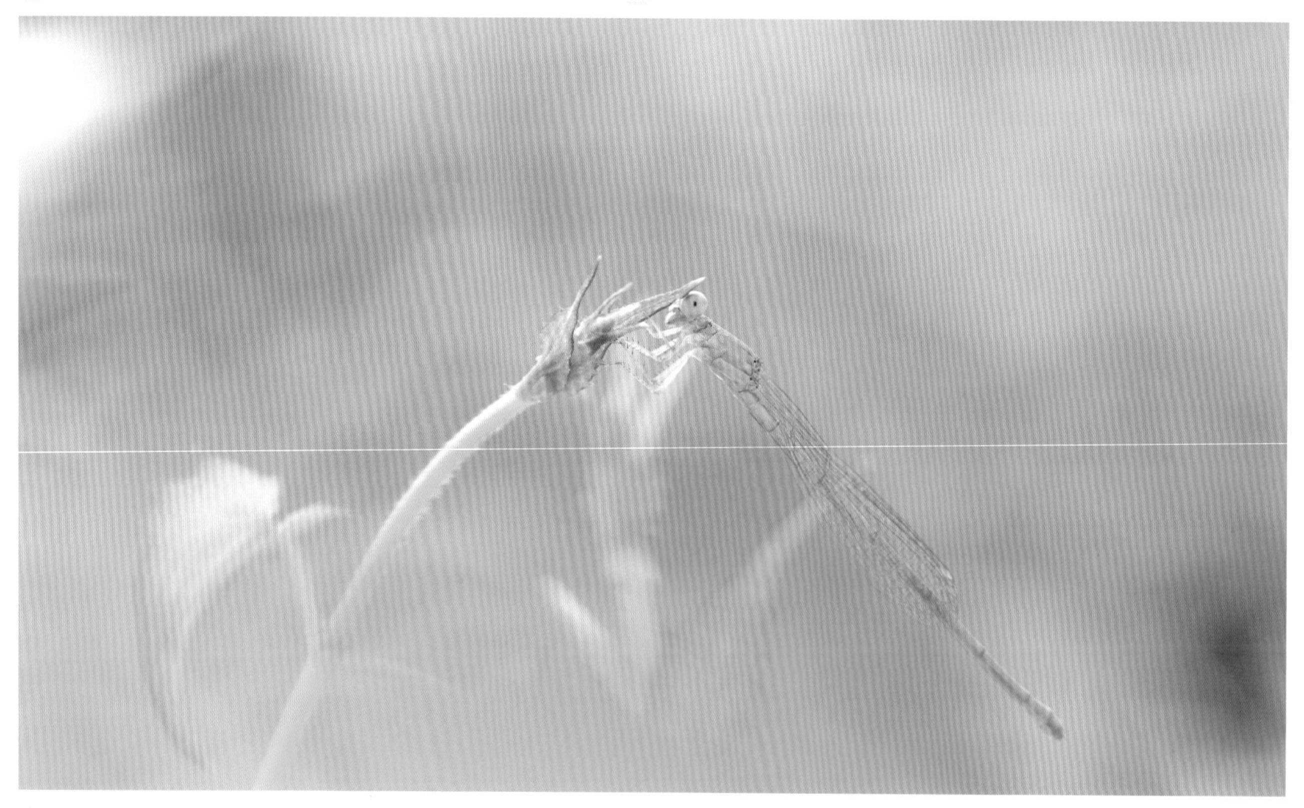

虽然豆娘在画面中并没有占据很大比例，但并不影响它的主体地位，相反，画面中的大片绿色，让作品的意境更佳。

3. 对比

对比可以突出主体，让画面更加生动有趣。常见的对比有虚实、大小、远近、高低、疏密、颜色、变异。在下图中，两只果蝇虚与实的对比，让画面更具有视觉冲击力。

大与小的对比。

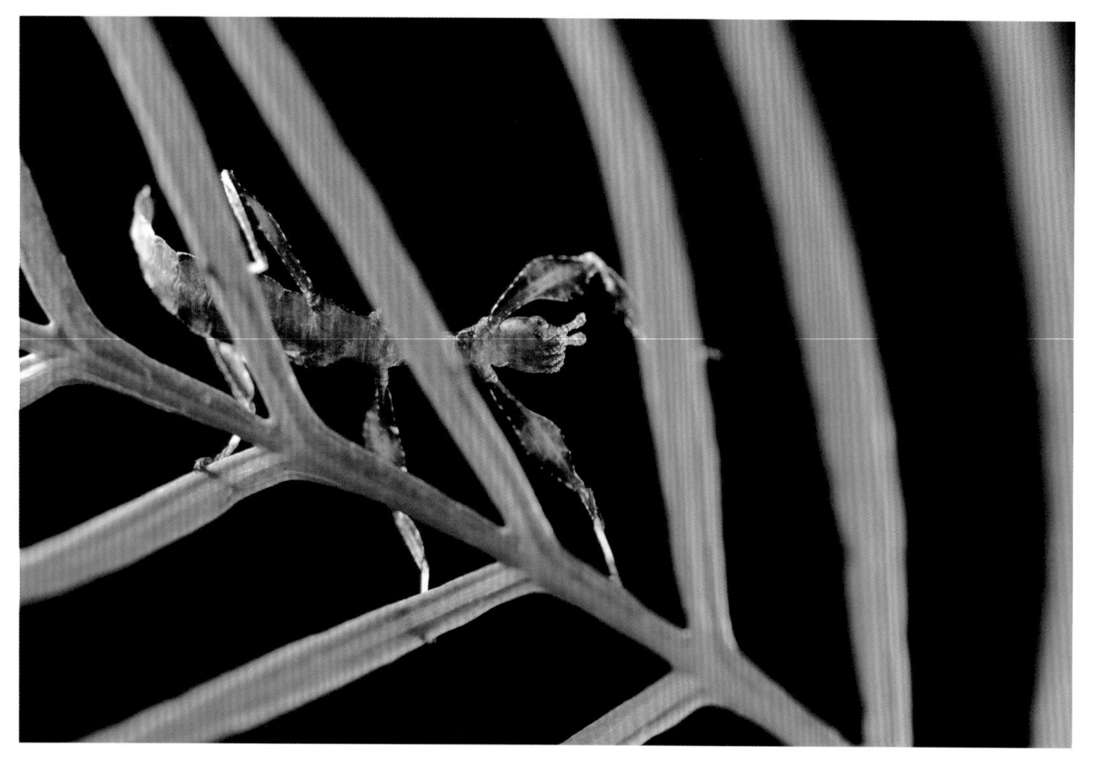

色彩的对比。

4. 关联

让画面的各个元素互相联系，形成一个有趣的图案或者趣味中心。在微距摄影中，如果能够将画面中出现的小动物、昆虫与生活环境等因素的有关联表现出来，那么你的作品将会更加有内涵，更有深度。

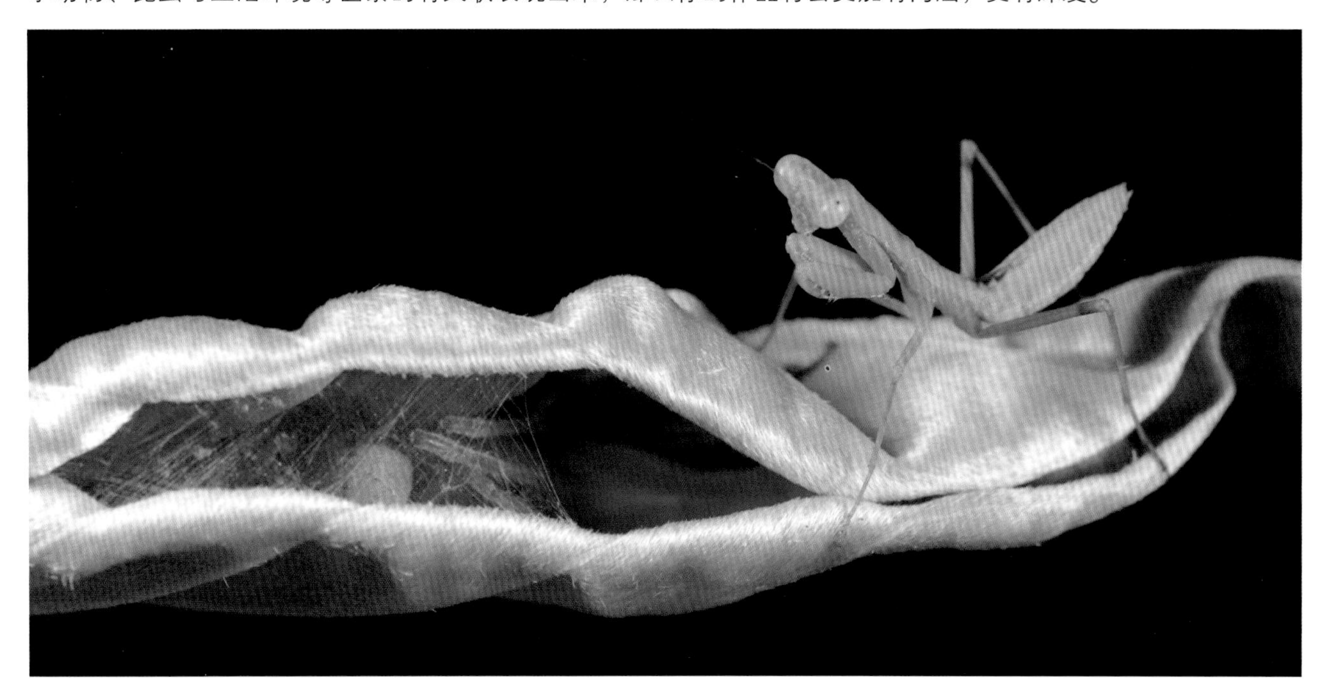

一只小螳螂警惕地看着叶子里面的蜘蛛，这样的作品相比单纯的昆虫肖像照片更有趣味，更有故事性。

草花蛇与铁锈近似的颜色，直线的排列构成了画面的看点。

点线面的排列构成，让画面趣味十足。

## 3.2.2 常见的构图形式

构图的形式犹如武功里的招式千变万化，根据拍摄对象的不同、表达诉求的不同会选择不同的构图形式。以下是微距摄影中一些常见的构图形式：

### 1. 九宫格构图

九宫格构图，也称为井字构图，属于黄金分割式的一种形式。它将画面平均分成九块，在中心块上四个角的点，就是安排主体的最佳位置。每一个点都符合“黄金分割定律”，而且有着不同的视觉效应，上方两点动感就比下方的强，左边比右边的强。

九宫格构图富有变化与动感，而不失庄重，是摄影中常用的构图方式。

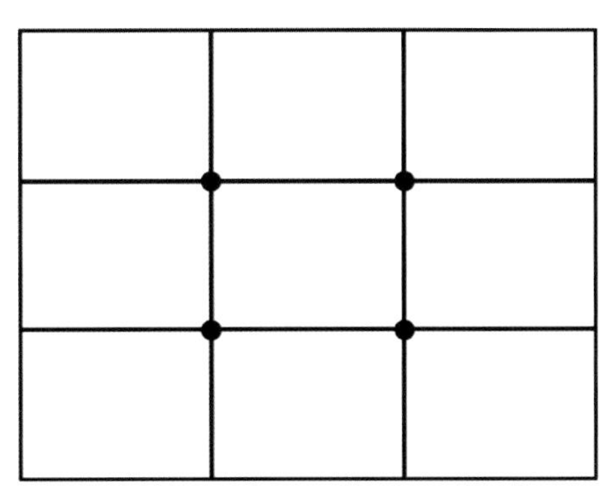

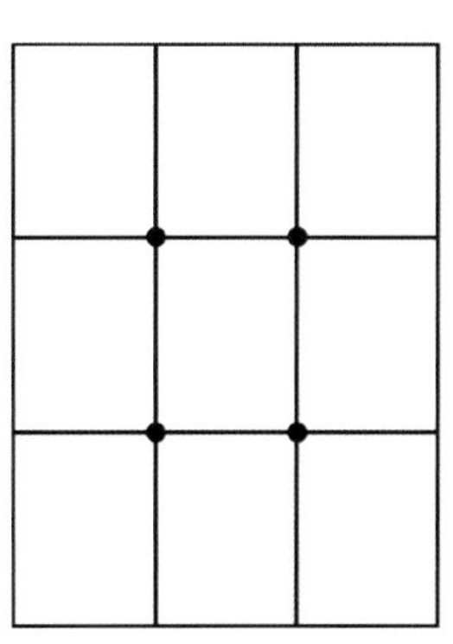

2. 对称式构图

对称式构图又称为均衡式构图，它将拍摄对象安排在画面中间垂直线两侧或中间水平线上下，是一种基本对等的构图方法。其表现形式有上下对称式、左右对称式。常用于建筑、静物、人像等题材。

这种形式稳定性强，具有图案美丽、趣味性强的特点，但也容易造成呆板的感觉。

我们需要注意的是，对称式构图不一定是绝对对称，整齐中有变化，画面的趣味性会更强。

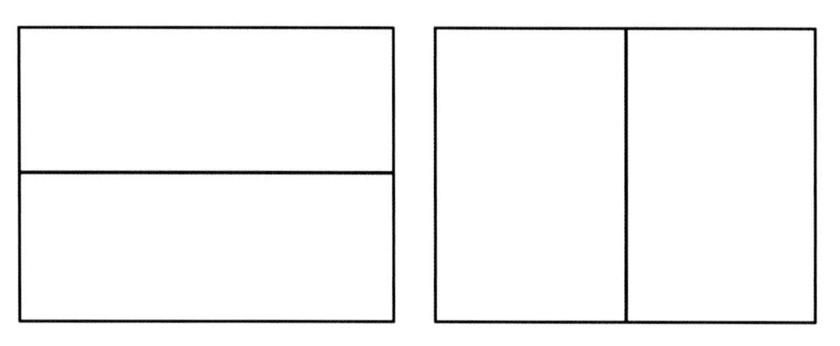

中间，常常是焦点所在。

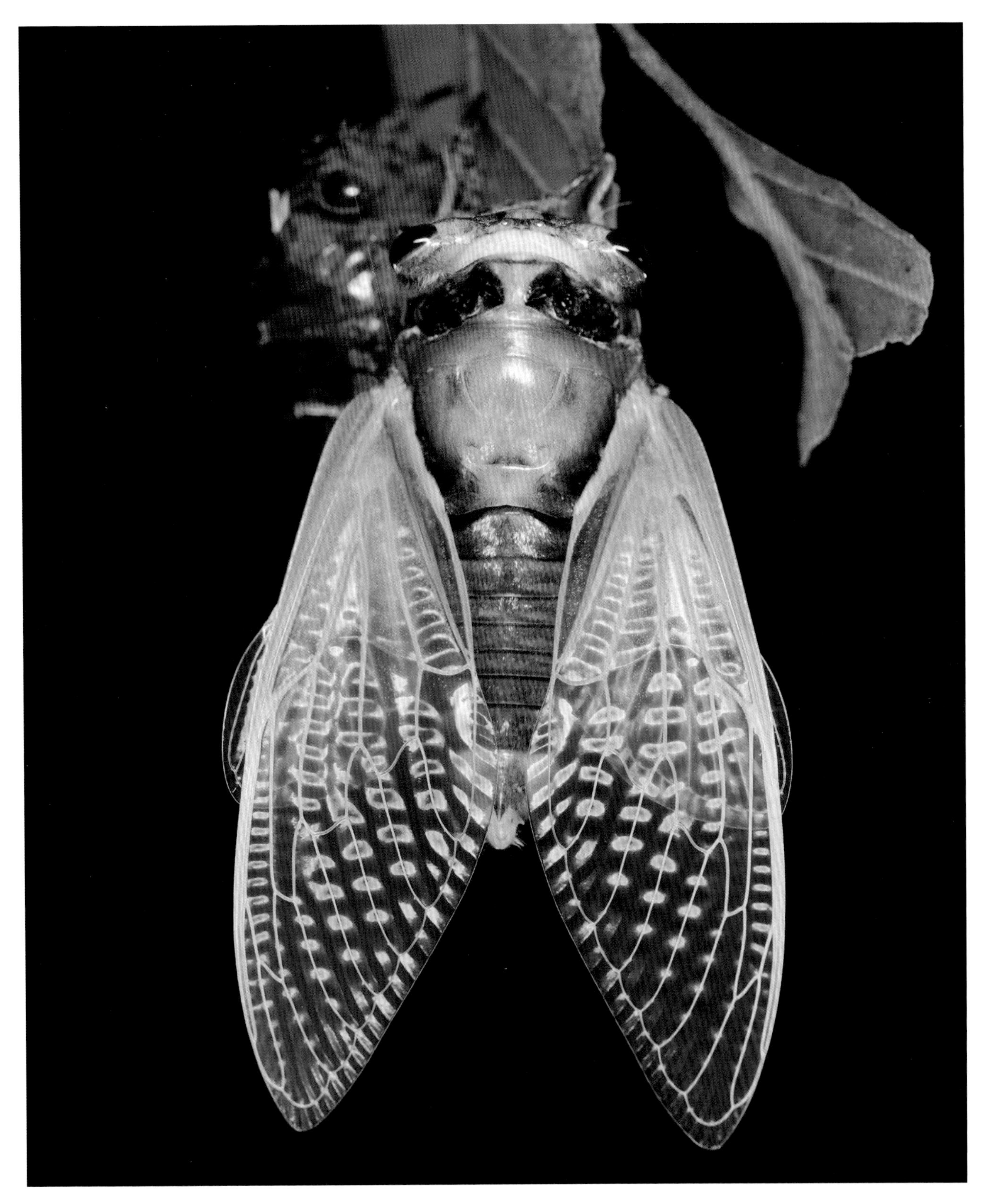

正面拍摄时，采用对称构会让画面带有图案式的美感。

### 3. 三角形构图

这也是一种常见的构图形式，以三个视觉中心点作为景物的主要位置，或者是以三点形成一面来安排景物的位置，形成一个稳定的三角形。具有安定、均衡、灵活、呼应联系的特点。

三角形构图分为正三角、倒三角、斜三角等形式，其中斜三角形最为常用。

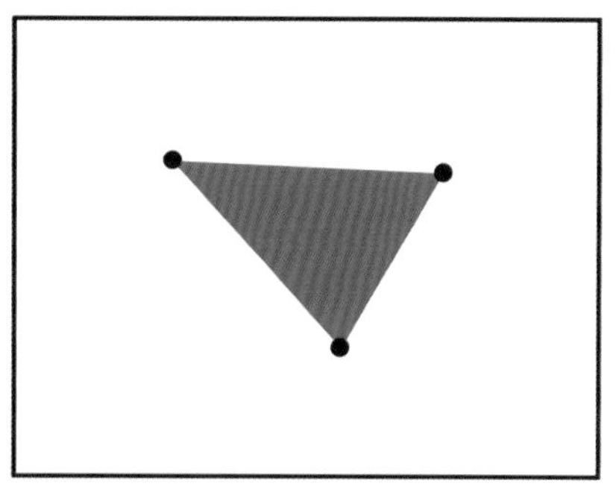

斜三角。

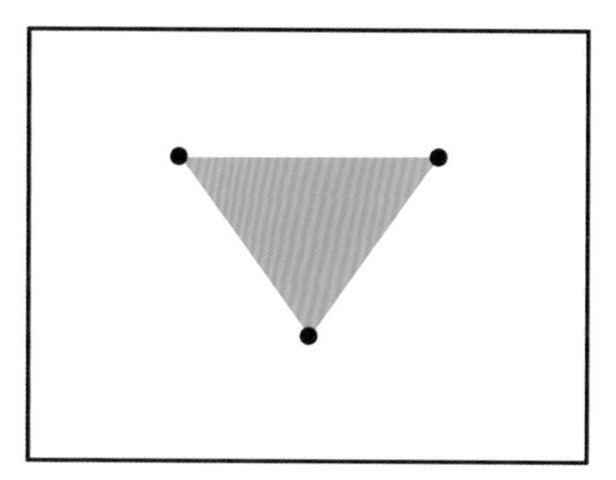

倒三角。

### 4. 框架式构图

利用景物形成框架式的前景，起到衬托和装饰主体的效果，这样的表达有时候比直观的表现更有魅力。

需要注意的是，框架可以成就一幅摄影作品，也可以破坏一幅摄影作品。因此，根据不同的景物特点选择合适的框架很重要。在微距摄影中，框架常常是不规则形状的，要注意框架与主体的平衡，不能让框架喧宾夺主。

5. 对角线构图

将主体安排在画面的对角线上，产生方向、形态的变异，从而突出主体，给人活泼又不失稳重的感觉。这是微距摄影中比较常用的一种构图方式。

## 3.3 微距摄影的用光技巧

摄影是光影的艺术，作为摄影者，唯有善于用光，才能拍出让人记忆深刻、充满美感的作品。

我们通常将光分为自然光与人造光。自然光指以太阳为光源照射到地球上的光线，晴、阴、雨、雪、雾天气里的直射与反射光、夜晚的月光与星光以及没有人工照明所见到的光线，都属于自然光范围，而人造光则包括电筒、火把、油灯、蜡烛、各种类型的电灯、闪光灯等。

对于微距摄影师，利用最多的光线，就是自然光和闪光灯所发出的人造光线。

不同的摄影师对于光的运用，有着不同的技巧。有人喜欢利用自然光拍摄，比如三脚架＋慢速快门的形式；有人喜欢使用闪光灯＋高速快门＋手持的方式拍摄。这两种方式都有利有弊，前者的色调自然清新，画面效果惹人喜爱，但效率较低；后者的效果偏向于写实风格，画面清晰锐利，拍摄效率高。

如何用光，并没有一个固定的形式，应该根据不同的场景、不同的拍摄对象来选择如何用光。例如，我们将自然光和人造光结合运用，有时候，自然光是主光，闪光灯是辅光；有时候可以闪光灯是主光，自然光是辅光。灵活运用才可以创造自己的用光风格。

1. 顺光

光线来自景物的前方，被摄物体受光面积大，阴影较少，反差小，色彩、线条、形态、气氛都能得到真实的表现。不足的是，这种光线下的物体立体感不强，显得较平淡。

上图中阳光从正面上方漫射，受光较为均匀，拍摄对象的色彩还原很好。

闪光灯从正面射出，让飞蛾的翅膀细节更丰富。

2. 逆光

逆光指从景物背后照射过来的光线。根据位置的变化，还有侧逆光。逆光是摄影中最富有表现力的一种光线，它能够增强景物的质感和画面的氛围，让你的作品不同凡响！

侧逆光把小蜘蛛变得通透起来，质感非常强。

运用逆光拍摄的时候，要注意避免高光过曝，缺少细节。

强逆光可以营造这种特别的剪影效果。

3. 侧光

侧光是指从被摄体侧面照射过来的光线。侧光能使被摄体表面的凹凸质感呈现出明显的阴影，它能勾勒出被摄体的轮廓线，又能体现立体感，是摄影用光时常用的光线。

从左边射出的光线使瓢虫身上的细节毕现，但为了消除侧光造成的阴影，在右边也打了光，这样整个画面就显得通透了。

4. 阴影

影子是光的“连体兄弟”，它会根据光线的变化而变化。在微距拍摄中，在很多时候我们会通过各种方式有意地避开、减淡或者消除阴影，但不可否认，在某些场景中，阴影是作品生动和美的重要元素，它可以为照片添加不同的效果，创造超现实的图像。

阳光将蜘蛛的身影投射在芭蕉叶上，这样的拍摄手法含蓄，有时候比直接拍一个蜘蛛更容易让人产生美感。

闪光灯在画面中留下了难看的阴影，看上去没有通透感，这是因为闪光灯发出的光太硬，灯位较低造成的。要避免这种情形，可以调整闪光灯角度，在闪光灯前面增加柔光罩柔和光线。

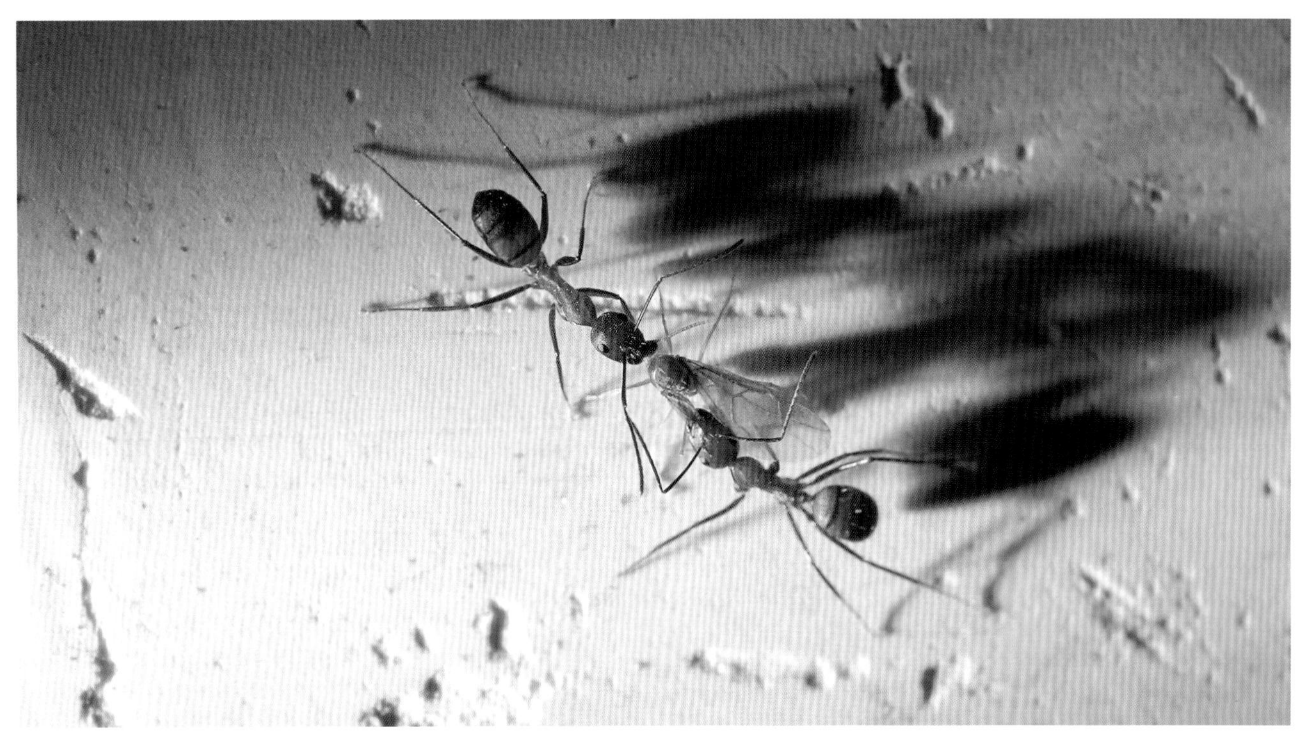

利用手电筒的光投射出蚂蚁的影子，这样的画面效果要比没有影子更加有趣。

通过阴影更加突出画面的主体。

让光线集中在树蛙的头部，其他细节则隐藏在阴影之中，画面的视觉冲击力更强。

在这一章里，会通过花卉、静物、昆虫等题材进行实拍分析，让您迅速掌握微距摄影的要点。

# 4.1 微距花卉摄影

静物微距摄影非常受摄影爱好者喜爱，因为它能够表现身边的美的事物。无论是花朵、果实、菜肴、首饰，还是玩具、工艺品，经过摄影者的创意构思，结合构图、光线、色彩等艺术手段，都可以成为具有艺术美感的摄影作品，在这里，我们重点讲解微距花卉摄影。

## 4.1.1 三步轻松玩转微距花卉摄影

就像爱情故事是文学创作永恒的旋律一样，美丽的花卉一直扮演着谋杀快门的主角，无论是窗台上淡淡的幽兰，还是花园里怒放的各色奇葩，或者是田埂上、山野中不知名的野花……都是摄影师镜头中的至爱。

有些朋友可能会觉得，拍摄本身就漂亮的花儿，不是很简单的事情吗？其实，拍摄一幅花卉作品，需要摄影者从取材、用光、构图、背景、色彩、意境等方面进行考虑。要拍好它们，并不是一件容易的事情。

而我们在这里要讨论的是用微距的方式来表现植物花卉，你将会在这里感受到微距摄影的魔力，最不起眼的一棵小草、一片落叶，会因为距离的变化而美丽异常。普通的一朵小野花，也因此能够和那些国色天香的花儿争奇斗艳。

一、寻找最佳的拍摄主体

拍摄花卉，不要急着按快门，要学会多观察，做到“一观看，二细品，三拍摄”，尽量选择形态优美的花卉作为主体。主体可以是整片花卉、一簇花或其中一朵花，你也可以着重表现花蕊。然后，你还要关注主体旁边的其他陪体——枝叶和花朵，分析一下这些陪体的位置是否合适，对表现主体是否有烘托作用还是会喧宾夺主？是否需要对花卉进行修整，压枝？背景是否合适？

当我们开始思考这些问题的时候，好作品已经离您不远了。

小提示 拍摄前的准备工作与拍摄时间的选择

A. 拍摄前的准备工作

在户外拍摄，除了常用的三脚架外，还可以带上双头夹子、园艺剪刀、喷壶、小型反光板等，这些工具会让你的拍摄变得更加专业。

B.拍摄时间的选择

要拍好花卉，我们需要对不同花卉的生长习性和开放时间进行了解，选择最佳的时间拍摄。

清晨，花瓣上的露珠，清新的空气，柔和的阳光……还有比这更完美的时机吗？

雨后，这时候空气变得通透，花朵上仍带着雨珠，拍摄出来的画面颜色会清新很多。

傍晚，金黄色的阳光会帮你打造迷人的逆光效果。

夜晚，有些花只在晚上开，比如昙花 .....

室内拍摄，如果你的灯光装备齐全，几乎任何时间都可以拍摄。

俗话说得好，花多眼乱，多观察，寻找最佳的拍摄主体是很重要的一步。

二、焦点的选择与景深控制

拍摄整片的花卉时，要把焦点放在要重点突出那部分花卉上。如果是拍摄特写，通常把焦点放在引人注目的花蕊上，让它成为画面的兴趣中心。

同样，控制景深也是为了更好地突出画面的主体。使用大光圈还是小光圈，要根据拍摄要求来定，一般而言，拍大面积花卉时使用小光圈以增大景深，拍摄一朵花则可用大光圈，以虚化背景或模糊前景，突出主体。如果是拍摄花卉特写，则建议把光圈开得小一些，因为近距离拍摄，景深比较浅。

两颗蒲公英的种子相互偎依在一起，舍不得离开妈妈的怀抱。种子只有几毫米的厚度，所以要焦点准确并不容易，拍摄的时候，我采用手动对焦，光圈 F13, 让景深范围更大一些，以获得更多的细节。

在这张作品中，你是要表现其中一朵小蘑菇还是一小片？什么角度拍摄才能够让清晰的范围更广些？这些都是要在拍摄中要考虑的问题。

### 三、控制色彩，营造意境

花卉最吸引人的就是其漂亮的色彩。因此，一张好的花卉作品，色调的表现是非常重要的。一般来说，暖色调可表达浪漫、温馨、热烈、进取、希望、喜庆的情感；而冷色调常给人静雅、坚定、冰冷的感觉。红与绿，虽然对比强烈，如画面处理得好，如万绿丛中一点红，却也靓丽悦目；浅蓝浅黄，看似平淡，亦可淡雅有韵，品味非常。作品里的色调如果能做到和谐，就可以完美地传达出拍摄者要表达的主题思想或者意境。

画面的色调能够传达出某种情感信息，让人产生不同的感受。

## 4.1.2 微距花卉作品实例

我无须专门去寻找那些不寻常的题材，而是要使平凡的题材变成不平凡的作品。

——爱德华·韦斯顿

《蕊中精灵》——在拍摄扶桑花的时候，无意中看到一只小甲虫在花蕊中游走，这可是难得的动静结合元素，我赶快按下了快门。

《嫩叶》—— 在谢鞋山，这棵蕨类植物的叶子水灵灵的，嫩得让人心动。

《春天来了》——当您面对一片花的时候，一定要细细观察，找好主体，这样才能够在乱中取胜。

《绿》——在光的变幻下，即使是一株小草也会变得富有意境。使用点测光逆光拍摄小草，让主体更突出，画面层次更丰富。

《野花》——在广西大容山的山沟里，这枝不知名的野花吸引了我的注意力，花的形状非常特别，有着一个螺旋状的尾部。为了更加突出花形，我收缩光圈，使用闪光灯，将背景变成了黑色，得到了这张作品。

《格桑花开》——粉色的格桑花总是这样的让人喜爱。拍摄一束的时候，通常建议使用 5.6 ~ 8 的光圈，这样背景的虚化会更加漂亮。

《小芽》——树缝中，生命正在迸发。树干的沧桑和嫩芽的柔弱，让人感受到生命是如此顽强。

《落叶》——一片落在地上的叶子，斑驳的叶脉似乎在诉说着它的沧桑故事……

《太阳花》——太阳花的花比较小，所以我将整朵花正面拍下，画面给人一种热烈、奔放的感觉。

小提示

“有情写景意境生，无情写景意境亡”，摄影者在进行摄影创作时，如果能将自己在生活中体验到的某种情感融会到画面中去，缘情取景，就能创作出寓情于景，借景抒情的艺术作品。

这样的作品才更加具有感染力。

## 4.2 昆虫微距摄影攻略

拍摄昆虫，难就难在它们的好动，而且又无法用语言进行沟通指挥，但只要持之以恒，不断付出，自然就会有收获。

## 4.2.1 什么是昆虫

昆虫是这个地球上数量最多的物种，其基本特征是分为头、胸、腹三段，有两对翅膀三对足、一对触角，骨骼包在体外部，属于无脊椎动物中节肢动物的一类。

节肢动物是动物界里最大的门类，其物种多种多样，个体大小从不足 1 毫米的螨类到长达 4 米的日本螃蟹。它们分布极广，从干旱的沙漠到深邃的海洋，从湿润的雨林到人类密集的城市，都可以找到它们的踪影。而节肢动物里种类最多的就是昆虫，大约有 100 万种。

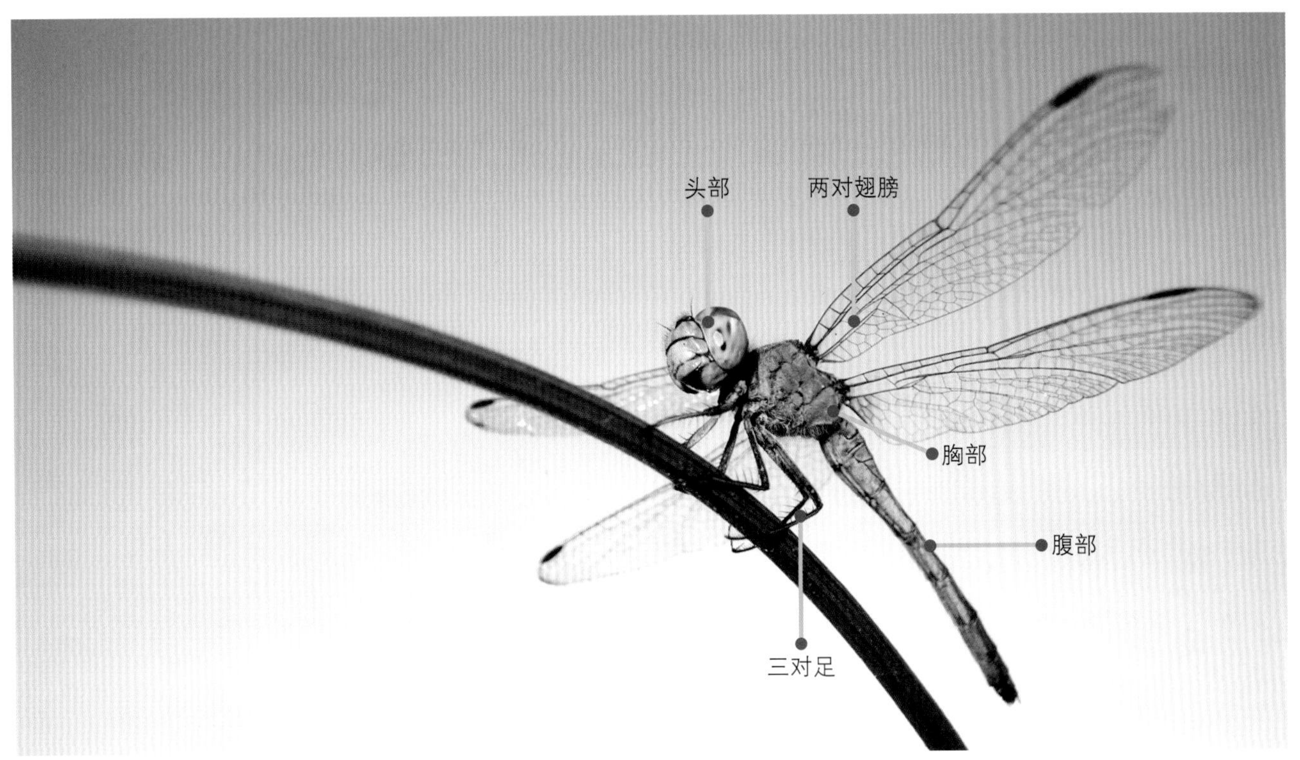


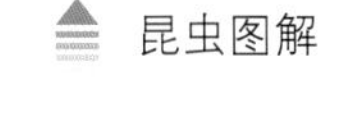
昆虫图解

蜘蛛，很多朋友以为它是昆虫，其实它只是与昆虫同属于节肢动物，蜘蛛属于蛛形纲，有 4 万多种，遍布于全世界，中国已发现的有 2000 多种。

蜘蛛与昆虫的一个重要区别是，蜘蛛有八条腿，而昆虫只有六条腿。

昆虫要生长发育，必须脱掉它们的外骨骼。从卵到成虫的过程，有些昆虫的变化是渐进的，我们称之为不完全变态；有一些昆虫的变化是深刻的，被称为完全变态。

如左图中的螳螂，经历了卵、若虫、成虫三个阶段。不完全变态的昆虫中，若虫与成虫的外貌很相似。

以完全变态方式发育的昆虫，幼虫与成虫完全不同，这类昆虫常见的有蝴蝶、飞蛾的、甲虫等，上图中的蝴蝶经历了卵、幼虫、化蛹、成虫四个时期。

### 4.2.2 生态微距摄影

在微距摄影中，我们将拍摄昆虫、小动物、野生植物花卉在自然状态下影像的行为称为生态微距摄影。

生态摄影的乐趣

和拍摄美女人像不同的是，昆虫不需要你付模特费，但它们也不会像模特那样任你摆布，一有惊动，就会逃之夭夭，让你望虫兴叹。

永远不知道下一个会遇到的拍摄对象是什么！正是这种不确定的神秘感，吸引了很多像我这样的摄影爱好者走进了生态微距摄影的行列。

做一个有爱心的摄影人

有些摄影者为了达到拍摄目的，通过伤害昆虫如冰冻、针刺等方式来控制昆虫，这种做法不仅是不人道的，也和生态摄影的意旨相违背，得到的也只是毫无生命力的标本照而已。

作为摄影人，我们要学会尊重大自然这些小生命，将爱心凝聚在镜头之中。

生态摄影强调在自然状态下拍摄，尽量不干扰被摄对象；有时候，为了拍摄昆虫成长的过程，可采用饲养、模拟实景的方式进行拍摄，比如寻找蝴蝶的卵，将它们安置在合适的场景中，拍摄它们从受精卵变成幼虫、结茧化蛹、最后成蝶飞舞的过程……拍摄的方法有很多，但基本准则是尊重生命，爱护这些独特的生命。

### 4.2.3 五步让你成为昆虫摄影专家

我们知道，摄影技巧之外的因素会更深层次地影响摄影作品，比如摄影师的性格、世界观等，昆虫摄影也是一样。如何设置光圈、快门、用光仅仅是一般性的技巧，发现、刻苦与坚持，才是取得成功的关键。

做好以下五步，你就可以成为一个昆虫摄影专家。

第一步：了解我们的拍摄对象

我们没有必要像生物学家那样去研究昆虫，但是了解一些昆虫知识，如昆虫喜欢吃些什么，有些什么行为方式，它们的栖息环境都有那些？懂得这些会让我们更容易找到和接近拍摄对象。

公园：里面的花花草草很多，会吸引蝴蝶、蜜蜂、蚱蜢这类昆虫，比较适合初学者练练手。

1. 昆虫的栖息地

昆虫生活的环境可以分为水中、地面、泥土中、植物上、动物上（寄生）、空中、室内等几种地方，有些昆虫的幼虫与成虫生活环境截然不同，如蜻蜓的幼虫生活在水中，成长后会爬到水边的植物上完成羽化，最后大部分时间都在空中生活，完成繁殖。

在城市化越来越严重、绿树植被遭受破坏的今天，要找到一个好的昆虫拍摄场所并不容易。

下面是我为朋友们列出的适合昆虫拍摄的场地。

植物园：不是每一个城市都有植物园，但相对公园，这里游人少，植物种类繁多，也是拍昆虫的好去处。

农村或郊区树林：拍腻了公园里一成不变的品种，那么，郊区是个不错的地方，这里的品种可以让你尽情拍摄。

菜地：各种菜花是昆虫们喜爱光顾的地方，不过要注意不要破坏农民地里的庄稼。

不知名的小景区：正因为不出名，游人不多，生态环境受破坏少，昆虫品种会丰富多样，拍摄的成本也低。

森林公园、自然保护区：它们是拍摄昆虫的终极之选，尤其是自然保护区，你将会见识到很多神奇的昆虫。

在以上这些地方，要找到昆虫是比较简单的事情。昆虫多的地方，大多有这样的特征：植物品种丰富、潮湿（有溪流最好）、繁花盛开。

### 2. 昆虫的看家本领或防卫技巧

作为地球上最成功的生命，聪明的它们演化出了各种各样自我保护的招数和进攻猎食技巧，比如利用保护色、拟态来隐藏自己，采用鲜艳的颜色警告敌人，或者拥有敏捷的身手、致命的武器、团队攻击等。了解它们的生存技巧，有助于我们在拍摄中发现、接近它们，并避免自己受到某些昆虫的袭击。

以下是昆虫们各种各样的本领技巧：

很多昆虫都是飞行高手。

或者是跳跃好手。

小得毫不起眼。

有一些会遁地大法。

像忍者一样隐身。

受到惊吓马上装死。

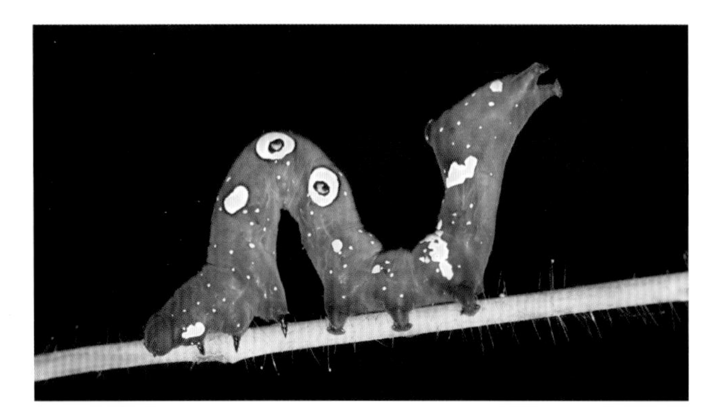

或者利用花纹恐吓天敌。

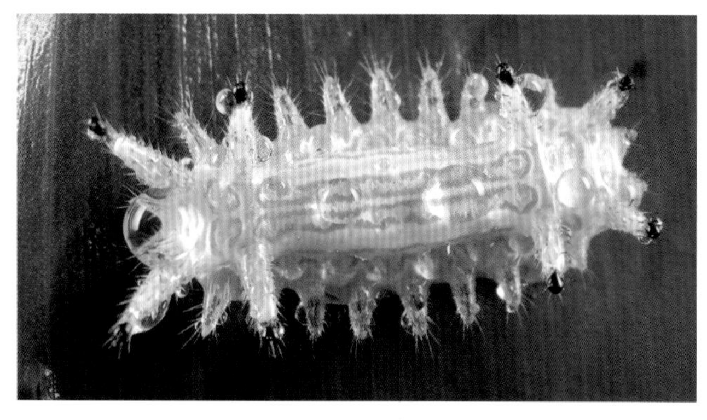

使用毒刺保护自己。

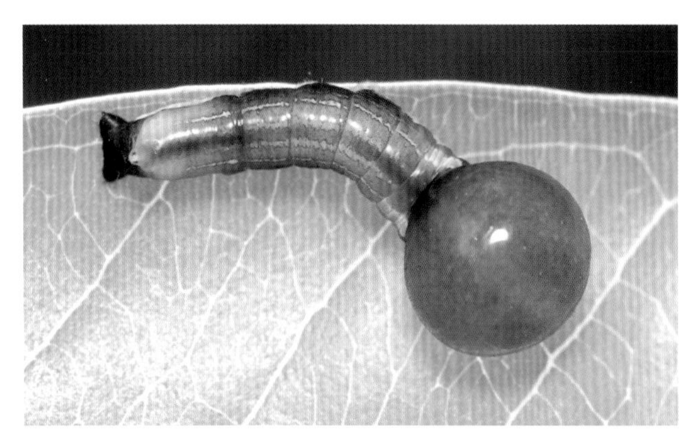

让你分不清楚哪里是头，哪里是尾巴。

拟态成鸟粪的样子。

善于用毒。

具有群体攻击性。

**小提示**

昆虫的生存技巧很多，有的长着坚硬的外壳，强大的上颚咬齿、健壮的附肢，或者会产生令人讨厌的声音和排放化学气体，有些甚至能够利用分泌物吸引其他种类的昆虫来保护自己，如蚜虫就利用自身分泌的蜜露吸引蚂蚁并获得保护。

有些种类的节肢动物是有毒的，如蜘蛛、蝽虫、蚂蚁、马蜂等，拍摄它们的时候做好防护措施，动作要轻一些，尽量不要触碰到它们，以免受到攻击。

第二步：掌握接近昆虫的最佳时机

如何接近昆虫是摄影初学者头疼的问题，但它们并没有想象中那么难接近，通常它们是在感受到危险的时候才会逃走。如果你耐心一些，接近的时候动作幅度不要过大，声音轻柔，让它们感觉到你是没有危险的，就会信任你，任你拍摄。

在以下情形或者某些时间段里，昆虫会较平时更容易接近。

（1）刚刚羽化蜕变出来的昆虫，这时候身体脆弱，活动能力很差；

（2）昆虫进食的时候，食物来之不易，它通常不会抛弃食物逃走；

（3）正在交配的昆虫，为了繁衍后代，曝光又有何惧；

（4）清晨气温较低的时候，属于冷血动物的昆虫体温较低，活动能力弱，相对容易接近；

（5）雨天时候，身上的水珠会影响昆虫的灵活性；

（6）有时候，昆虫会自动找上门，不少昆虫会像飞蛾一样具有趋光性，容易被光吸引，因此夜晚也是拍摄昆虫的好时机；

（7）其实有不少昆虫的移动天生慢悠悠的，如毛毛虫。

刚刚蜕变的昆虫活动能力很弱。

刚孵化出来的小家伙也是如此。

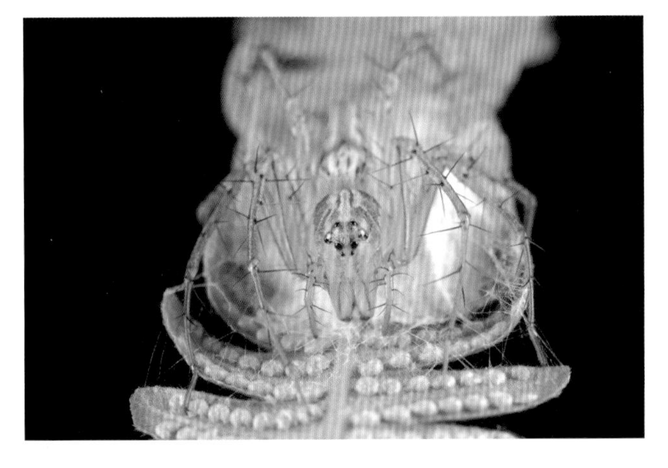

坚守巢穴。

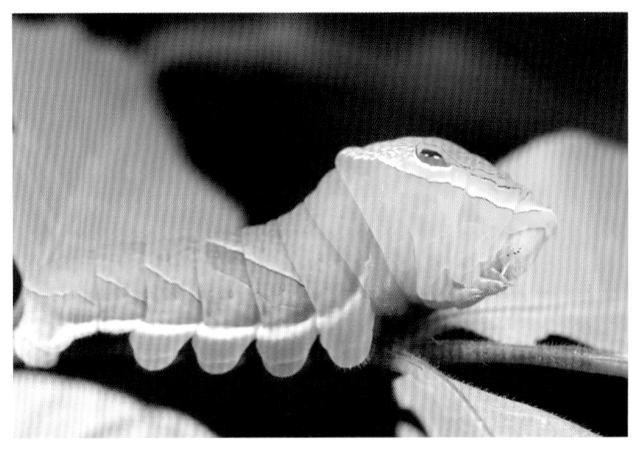

天生行动缓慢。

花朵是吸引蝴蝶停留的地方。

蜻蜓常常习惯停留在相对固定的位置。

难得缠绵，曝光也不顾了。

有时候对自己的伪装技术太自信。

有时候，汗水中的盐分也能诱惑昆虫。

利用食物吸引昆虫。

在漫长的进化过程中，生物与生物之间形成了某种稳定的关系，很多昆虫固定在某种植物上成长、觅食，形成寄生关系。比如褐斑凤蝶喜欢生活在樟树上，而美凤蝶则喜欢芸香科植物；如果你要找蟹蛛，在草丛的野菊花中就很容易找到它们，因为它们将花朵变成狩猎场，守株待兔等待前来采蜜的蝴蝶蜜蜂等。

找到它们的寄主，要接近就比较简单了，因为大多昆虫并不愿意离开自己的家园。

### 第三步：找到适合自己的拍摄方法

不同的拍摄方法，会带来的不同画面效果，很难说哪一种更好，因为都有各自的优缺点。而且每一个人对画面的侧重点不一样，有些摄影师追求画面的光色，有些则重在内容记录……关键是你在拍摄过程中摸索出适合自己的一套方法，这才是最重要的！

在拍摄中，我们会遇到各种各样的困难和障碍，针对环境和对象的不同，灵活地运用不同的拍摄方法，才能够获得更出色的作品。

（1）手持＋自然光拍摄。简单轻便，建议多使用点测光，一般情况下，快门速度保持在1/50秒以上成功率更高。

此方法局限性很大，对光线的要求比较高，例如在逆光的时候容易造成主体过暗或者背景曝光过度，弱光的环境中则因为快门速度很慢而难以拍摄。

（2）脚架＋自然光拍摄。这种拍摄方法是很多摄影师爱用的方法，通常还会使用快门线，最大限度保持相机的稳定，如下图中所示那样，在主体清晰的同时，可以拍出绿色自然的背景。

此法很适合拍摄那些比较安静不爱动的昆虫。在拍摄中，风或许是你最大的敌人，耐心等待风停的时刻，利用反光板或者身体挡住风也是不错的解决方法。

（3）手持＋闪光灯拍摄，拍摄的角度多变，灵活性强，但高速快门加小光圈会让画面背景变成黑色，如果控制不好，画面会显得沉闷、单调，且缺乏层次。

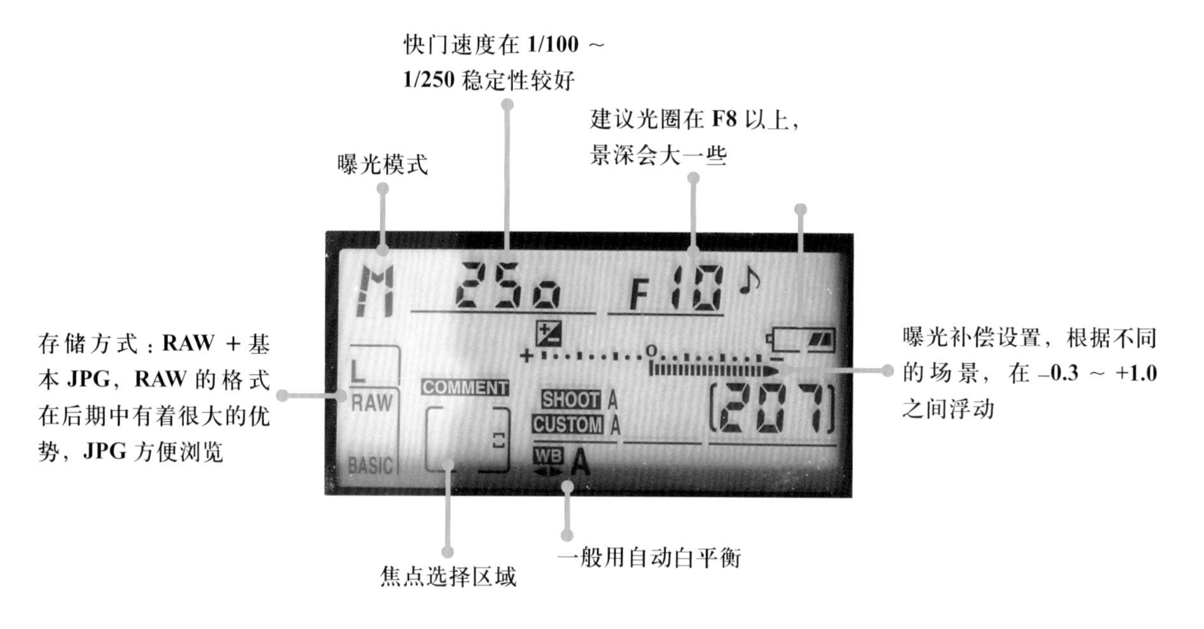


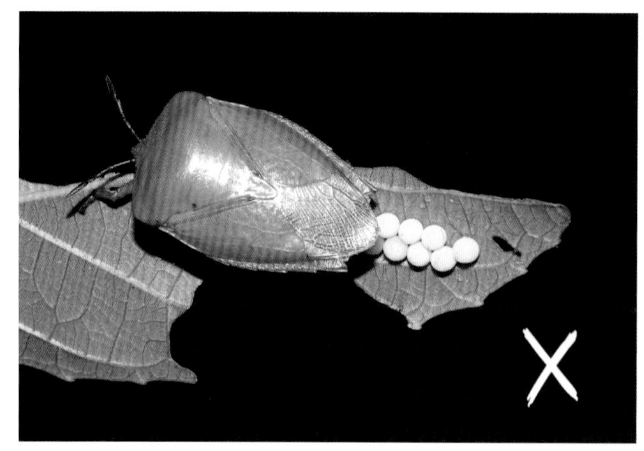

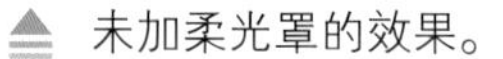
未加柔光罩的效果。

加柔光罩的效果。

使用闪光灯拍摄，柔光罩是一个非常重要的配件，它能够让高光部分有更加多的细节。

（4）三脚架+闪光灯，这种方式可以更加自由地控制快门，获得多变的效果，比如用慢速快门+闪光灯补光可获得细腻的成像效果。

不足之处是三脚架限制了拍摄的灵活性，在某些低角度的情形中，使用三脚架就会有些困难，就像下图那样，所以在选择三脚架的时候，其最低工作距离很重要。

根据不同的场景、不同的拍摄对象选择不同的拍摄方式，很多时候，为了有更好的拍摄角度，趴在地上甚至躺着拍摄都是很正常的事情。不怕苦、不怕脏，有付出就会有收获。

**小提示**

影响画面清晰度的因素有很多，如拍摄对象的移动、自然风、相机本身的震动、拍摄者自身的抖动等，如何才能够提高清晰度呢?

（1）提高快门速度。

（2）在采用慢门拍摄的时候，使用三脚架和快门线可减少相机、手部震动带来的影响。

（3）对于快速移动的拍摄对象，可以采用陷阱对焦法。先预计拍摄对象将要移动到的位置，提前锁定焦距，等昆虫进入对焦范围，马上按下快门。

（4）使用手动对焦时，可以固定焦距，通过相机的前后移动来对焦。

第四步：找出不足，不断提高自己

作为初学者，在拍摄中会遇到各种各样的困难，照片也会出现这样和那样的不足，只要多看多学习，找出不足，加以改正，就能快速提高。

下面是拍摄中一些常见的错误，大家可以比对一下。

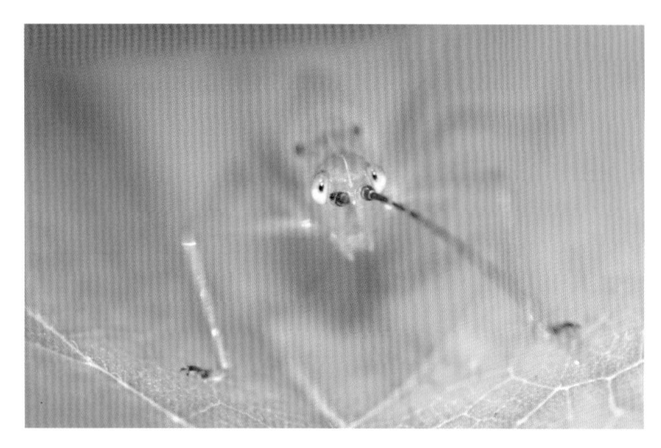

光圈过大，景深太浅。

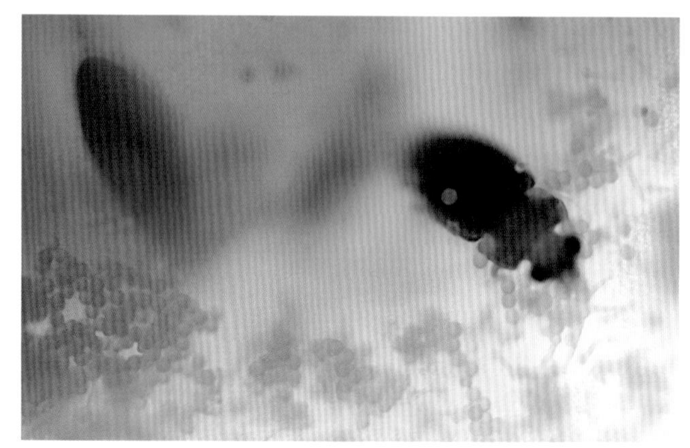

焦点不清晰。

高光部分没有细节。

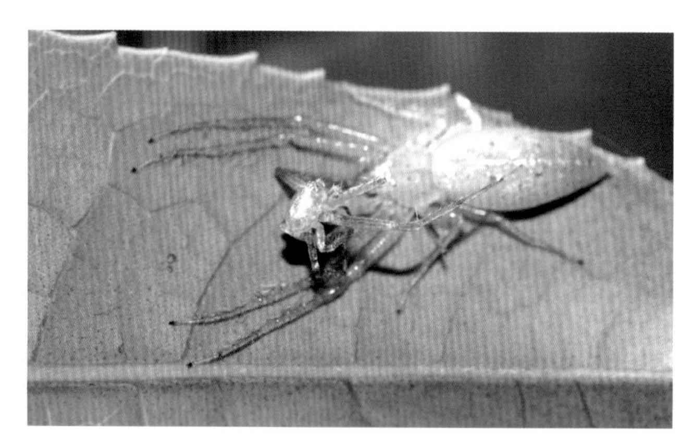

曝光过度。

闪光灯造成难看的阴影。

主体曝光不足。

主体细节不足。

构图太满。

主体在画面中的比例过小。

画面色彩不够自然。

色彩暗淡，主体不突出。

背景杂乱。

进步是一个过程，从量变到质变是永远的真理。记得在初学摄影的时候，曾经请教一位摄影师，问他为什么会拍得这么好？他说："多拍多看，你拍 100 张相片选一张，严格要求作品质量，自然就会进步。"

有时候翻开自己早期的微距作品，当初认为不错的作品，现在看来却是充满瑕疵，只是当时并不知道，因此，多看多对比，认识自己的不足，才能够让自己不断进步。

### 第五步：让作品变得更有趣味

如果你的微距作品仅仅是清晰，那是不够的。我们的目的不是拍摄标本，如同风景摄影讲究意境那样，昆虫摄影除了追求细节，还讲究趣味、情节，有故事的照片才是好照片。

昆虫有很多精彩有趣的行为，比如求偶、捕食、打斗等，在拍摄中，唯有足够的耐心和不懈的等待，才可以拍摄到这些有趣的行为。

上图中，一只蟹蛛正伺机对小螽斯发动攻击，画面带有故事情节，让你产生紧张感，为小螽斯的命运担忧……

相比之下，右图同样是拍摄螽斯，就显得有些平淡了。

一只小蜘蛛利用夜色的掩护，成功捕杀了体形比它大数十倍的蜻蜓。以小胜大、以弱胜强，常常在节肢动物的猎食中体现出来。为了生存，它们各出奇招，记录争斗的瞬间，体会它们生存的智慧，也是一件很有意思的事情。

一幅作品中要有精、气、神，才能够让欣赏者从中感受到画面的力量。这两张图中的树蛙虽然是同一个，但形态、神情都有很大的区别，孰好孰坏，很明显就可以看出来。

让作品带有故事性，才是好的作品。上图中，一只狼蛛似乎发现了蜕变中的蝉，它会攻击毫无还手之力的蝉么？这就为画面融入了情节。

拍摄昆虫交尾是很有意思的场景，例如螳螂交配，简直是生死恋曲。

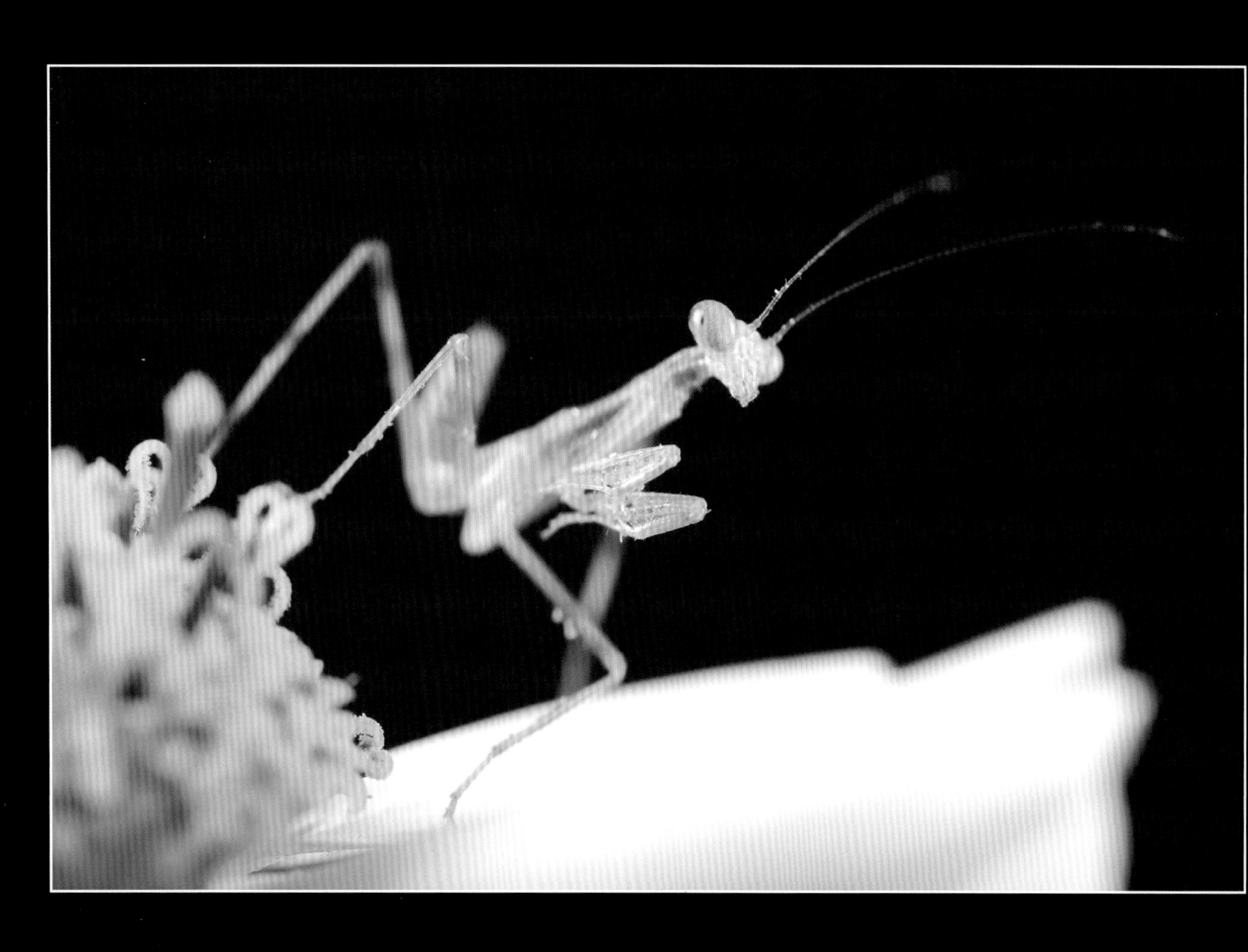

### 4.2.4 生态微距作品赏析

## 奇特之美

天下之大，无奇不有，在这个神奇的微观世界里，有着各种各样的千奇百怪的生命。

《日本蚱》——很善于伪装的一种小型蝗虫，不仔细观察，要发现它们真的不容易。由于放大倍率高，闪光灯靠得很近，使用了多层柔光罩，以避免高光过曝

《阿凡提》——这只蜘蛛背部的花纹让我想起了阿凡提，小小的眼睛，大大的胡子，好像还戴一个帽子。真的让人不得不惊叹大自然造物主的神奇。

小提示

离机闪，俗称“飞灯”，意思是闪光灯不安装在相机的热靴位置上，而是在其他位置使用。由于离开了机身，因此称为离机闪。

我们知道，如果闪光灯总是在相机热靴上，光的照射角度一成不变的话，作品就会单调无味，而离机闪可以不断改变发光的位置，如形成侧光、逆光、底光等，效果变化会丰富很多，就不会因为光线单一而造成审美疲劳了。

《泥蜂》——在十万大山，这只泥蜂面对我的镜头，似乎毫不在意，耐着性子然让我围着它足足拍了半个小时。

小提示

拍摄黄蜂这类带有攻击性的昆虫，一定要注意安全，尤其是遇到马蜂窝，除非是有绝对的安全措施，否则还是用长焦拍摄为妙。

《花衣裳》——这只小腊蝉翅膀上的花纹如同时装一样精致美丽。

《豆娘》——清晨，一只豆娘在阳光中舒展着自己的身体，以获得飞行的能量。

▲《海马？》——这只象甲将自己装扮成了海马的模样，而且很会装死，稍有惊动，就全身收缩，摆出一副遇难的模样。

小提示

象甲科的小昆虫大多眼睛很小，拍摄的时候要注意调整角度，将光圈设成 F11 以上，以获得较大的景深。

《丽眼斑螳》——这个小家伙长着外星人一样的脑袋，天生就是一个冷血杀手。小家伙很好动，在自然光下拍摄它，对环境光的要求较高。

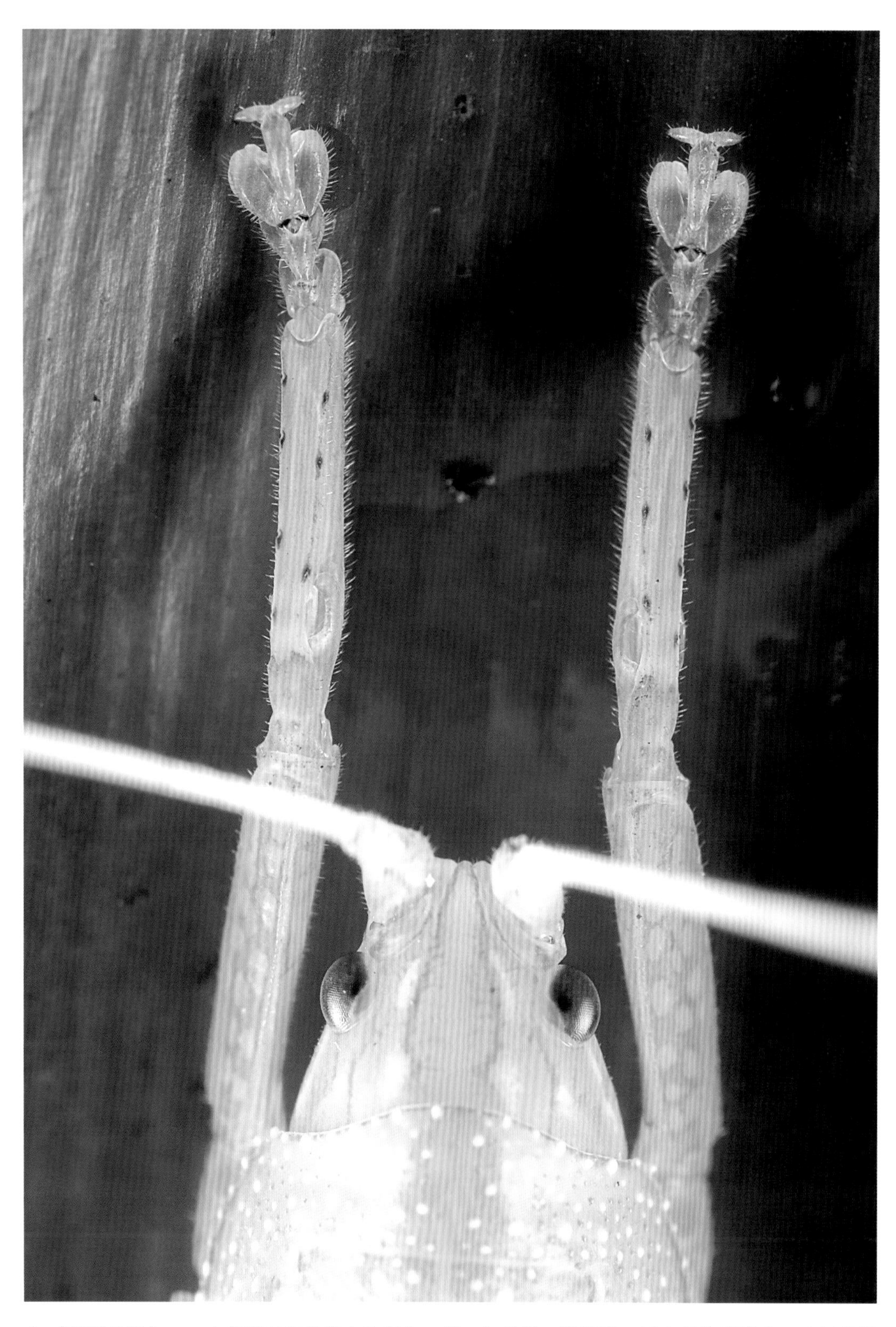

《翡翠螽斯》——中华翡螽真的像它的名字一样，如翡翠一样漂亮。昆虫的体形较大，选择拍摄局部，细节更多，更能体现质感的美。

《猎蝽若虫》——在广西八寨沟森林公园，这只小家伙隐藏在树干上，和树皮的颜色几乎融为一体，拍摄中使用了双头闪，让画面更有立体感一些。

《画圈圈》——这种甲虫喜欢在叶子上先划出地盘，再慢慢品尝美味。

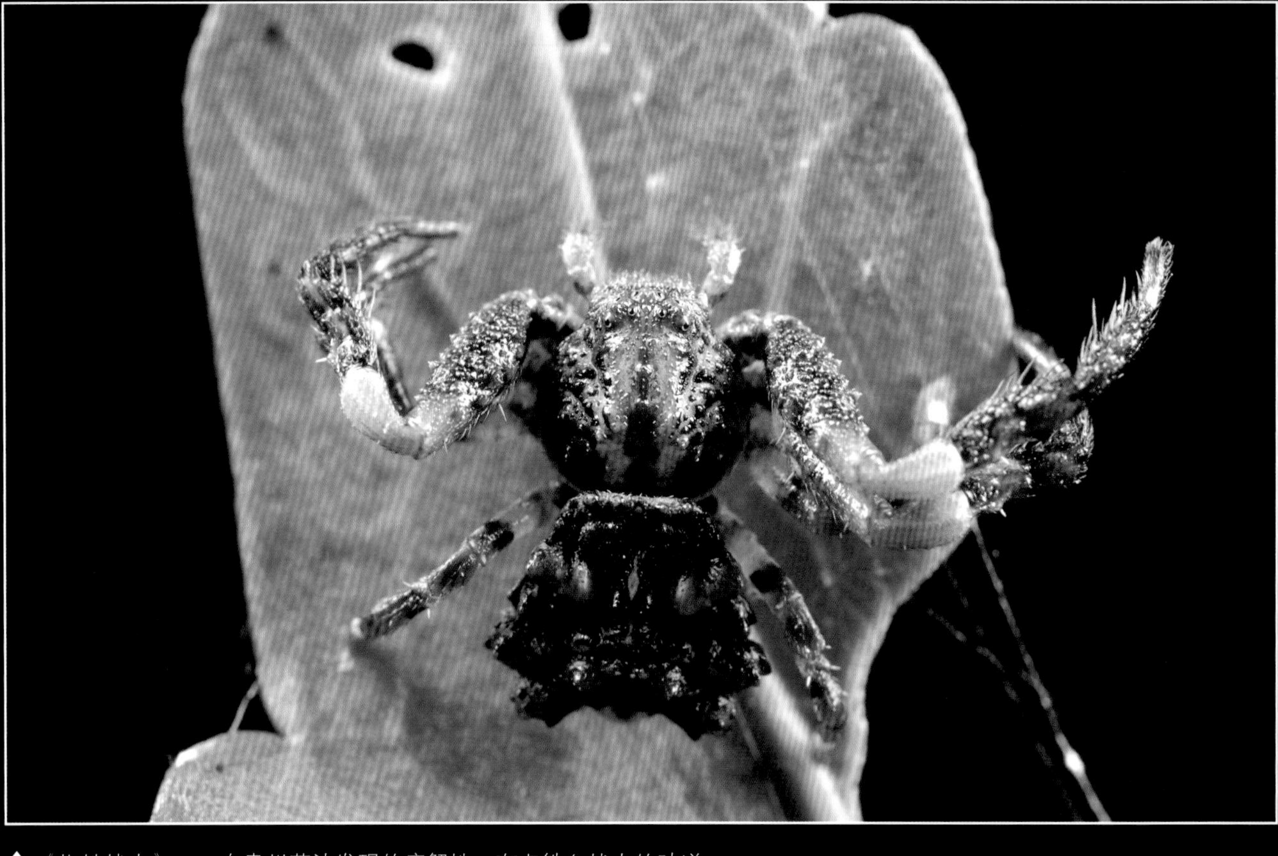

《蜘蛛战士》——在贵州荔波发现的瘤蟹蛛，有点铁血战士的味道。

《金色的丽蛛》——它绝对是蜘蛛里面的美人，一身金色打扮，显得雍容华贵。

《外星蜘蛛》——这只蜘蛛霸气十足，宛如外星来客一般。

蜘蛛目有 101 科，约 40 000 多种。蜘蛛不同于其他昆虫，它们通常有固定的巢穴，拍摄它们，需要更多的耐心。

在拍摄时，我们还要根据它们的外形特征来选择俯拍还是正面拍。一般而言，特写使用 50 ~ 100mm 的微距镜头，连蜘蛛网一起拍摄的话，最好是 180 以上的长焦微距，这样更容易虚化背景。

《蜕变中的蝉》——每年的 4 月开始，蝉就开始从地面钻出来，完成它们的华丽大变身。

你只需要带上三脚架、闪光灯、电筒（可以用来制造现场光），晚上到公园或者郊区小树林就可以找到它们。

刚蜕变的蝉身体很嫩，反光较强，要注意控制光线的强度，避免过曝。

《薄如蝉翼》——来一张正面的，让大家看清楚刚刚完成蜕变的蝉究竟有多美。

《青凤蝶》——在八寨沟，成群的青凤蝶在溪水边上飞舞嬉戏，好不热闹。

《绿腹食蚜蝇》——拍摄昆虫的好处之一是有时候你会觉得自己发现了新物种，这是多么令人自豪的一件事情。

《人面蝽》——一只背部如同人脸一样的蝽虫。不得不说，能够遇见这样的昆虫，是一种幸运的事情。

《锦绣红裳》——在廉江谢鞋山发现的这只天蛾，大红的颜色和花纹让人觉得雍容华贵。

《透翅竹蛉》——小家伙隐身在竹笋的褐色外皮上，我在它的另一侧打了一支闪光灯，努力把翅膀的纹路呈现出来。

《叶虫》——叶虫是拟态和保护色都十分巧妙的珍稀昆虫。在爬行时，它会来回摇晃身体，就像是被风吹起的树叶。

《美丽的草蛉》——这种昆虫有着复杂而美丽的纹理，如同贵妇般优雅。

《会飞的花朵》——在阳光下，这只色蟌扇动金色的翅膀，如同精灵一般美丽。

《襁褓》——蛹是指一些昆虫从幼虫变化到成虫的一种过渡形态。这只统帅青凤蝶的蛹让我想起了襁褓，感觉很温暖很安全。鳞翅目蝴蝶、蛾类的蛹大都没有特殊的保护物，常以一根细丝围缚蛹体，维系在物体上或倒挂在叶子上。

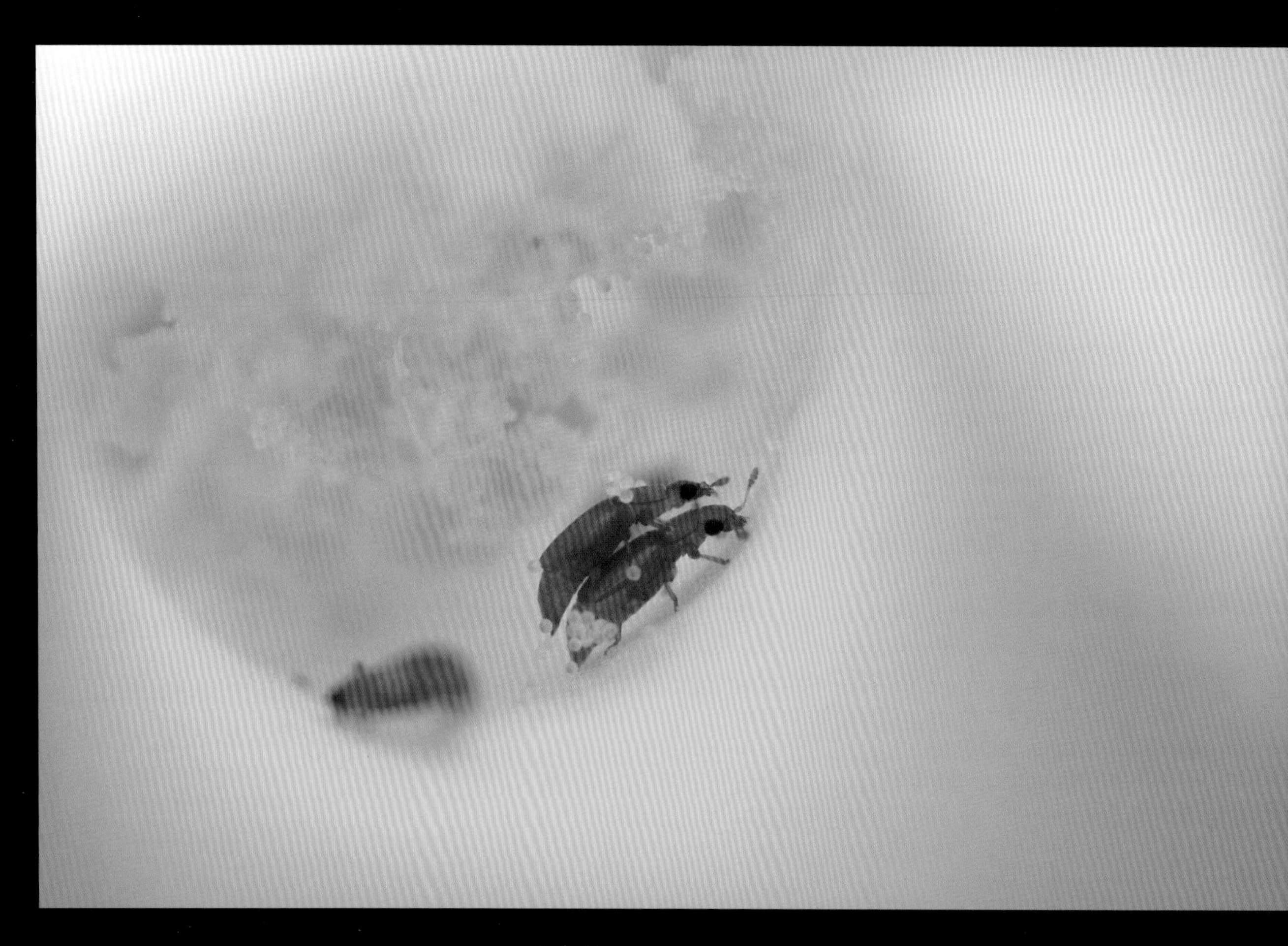

昆虫的

# 情与爱

《恩爱时刻》——这对狭翅豆娘正在草丛中卿卿我我，它们交配的造型常常会形成美丽的心形。

《叶间》——在贵州梵净山，这对小甲虫躲在叶子下面享受着爱情。

小提示

对于小型的昆虫，常常是在 1 : 1 甚至更高的放大倍率下进行拍摄，这个时候，光圈多为 F8 ~ F16，甚至更小，因此在自然光下，快门速度会变得很慢，使用三脚架虽然能够提升稳定性，但这只能是在主体没有移动的前提下。

这种情形，最好的方法是使用闪光灯进行拍摄，闪光灯的离机闪功能还可以模拟出自然光的照射，以保证在光线不足的环境中也可以拍摄成功。

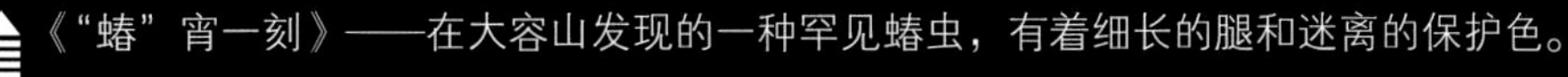
《“蝽”宵一刻》——在大容山发现的一种罕见蝽虫，有着细长的腿和迷离的保护色。

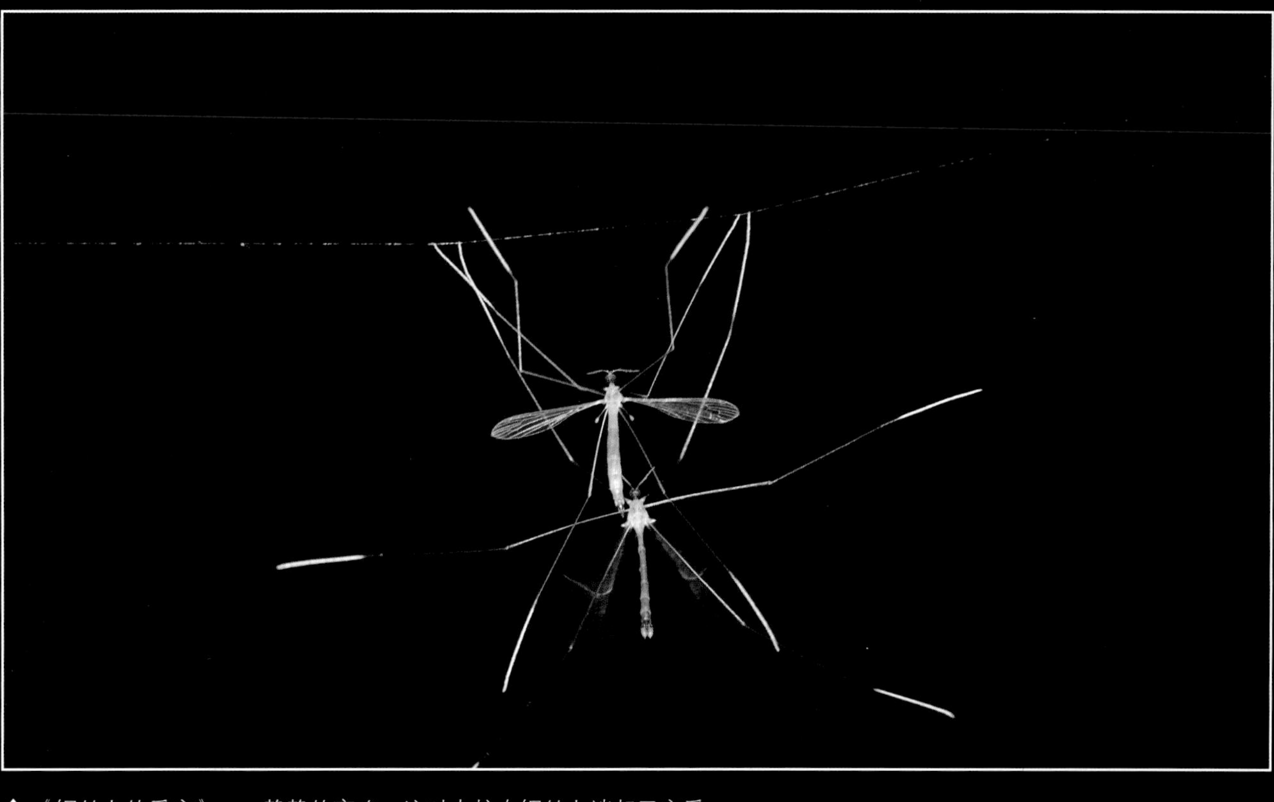

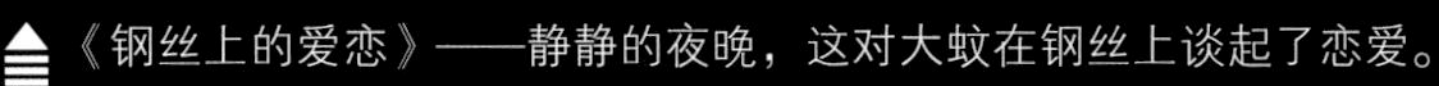
《钢丝上的爱恋》——静静的夜晚，这对大蚊在钢丝上谈起了恋爱。

《叶尖上的爱情》——在草丛中，我想我遇见了它们的盛会，无数的鹿角蛾在交尾或者寻找另一半，一根叶子上竟然有五六只。

《爱的舞蹈》——在一片菜地里，我发现了这一对正在跳舞的情侣，浪漫的场面让我激动得几乎按不下快门！

《金蝉交尾》——蝉的警惕性很高，所以要拍到并不容易。

《三角关系》——为了争夺交配权，芫青可算是不遗余力了。

《幸福的果蝇》——果蝇的体型比较小，但它们对自己的逃跑能力是很自信的，所以，即使我镜头靠得很近，它们也完全不担心，继续缠绵。

小提示

有时候，含蓄、半遮半掩的表达方式会比直接拍摄它们的交尾场面更具美感。

《守护》——贵州茂兰保护区里，一只跳蛛妈妈正守护着它的卵，直到小蜘蛛出生。

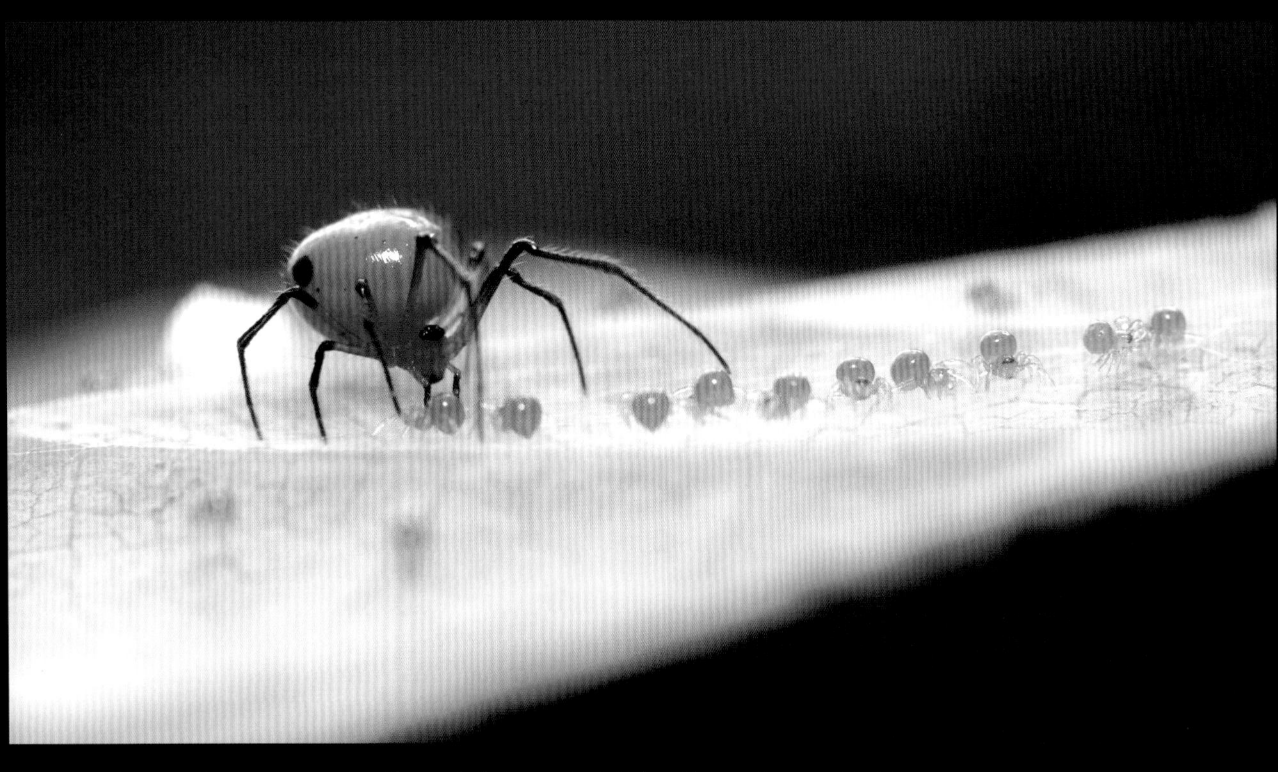

《排好队》——蜘蛛母亲对于孩子的照顾非常细致，把走散的小蜘蛛一个一个围在身边。

《外敌入侵》——一只蝽虫不停地将身体摆动，试图赶走入侵的小刺蜂。

《相互偎依》——广西资源的清晨，几只彩丽金龟相互偎依在一片叶子上，显得非常温情。

# 虫出江湖

昆虫之所以能够成为地球上最成功的生物，因为它们都是身怀绝技的武林高手，飞檐走壁、伪装迷惑、暗器毒针、大刀铁甲……可以说是，十八般武艺，样样精通！

《鱼目混珠》——在贵州茂兰，这只色彩漂亮的竹节虫将自己拟态成了小树枝，而且会模仿随风摆动的样子，不过，当风停了后，它还继续傻傻地摆来摆去，常常因此暴露了自己。

## 小提示

孙子兵法云：善守者，藏于九地之下，善攻者动于九天之上，故能自保而全胜。在这微观世界里，小虫虫们善守善攻者，不计其数，功力之精深，令人叹为观止。

拍摄这类善于隐藏的家伙，由于它们的颜色花纹和环境非常接近，不容易表现，因此有些影友喜欢将它们赶离栖息地，换到对比鲜明的环境中拍摄，但这样做其实破坏了昆虫与栖境的共生关系，作品反而会因为真实的缺失而索然无味。

《完美的拟态》——这是一朵枯萎的花还是一只聪明的小蜘蛛?

《螽斯成虫》——不仅是跳跃高手，而且也很善于利用保护色。

《蟾蝽》——在贵州荔波，蟾蝽以伪装色将自己与沙石枯叶混为一体。

《长尾蜘蛛》——这种蝴蝶的幼虫浑身都是刺，让天敌无从下口。

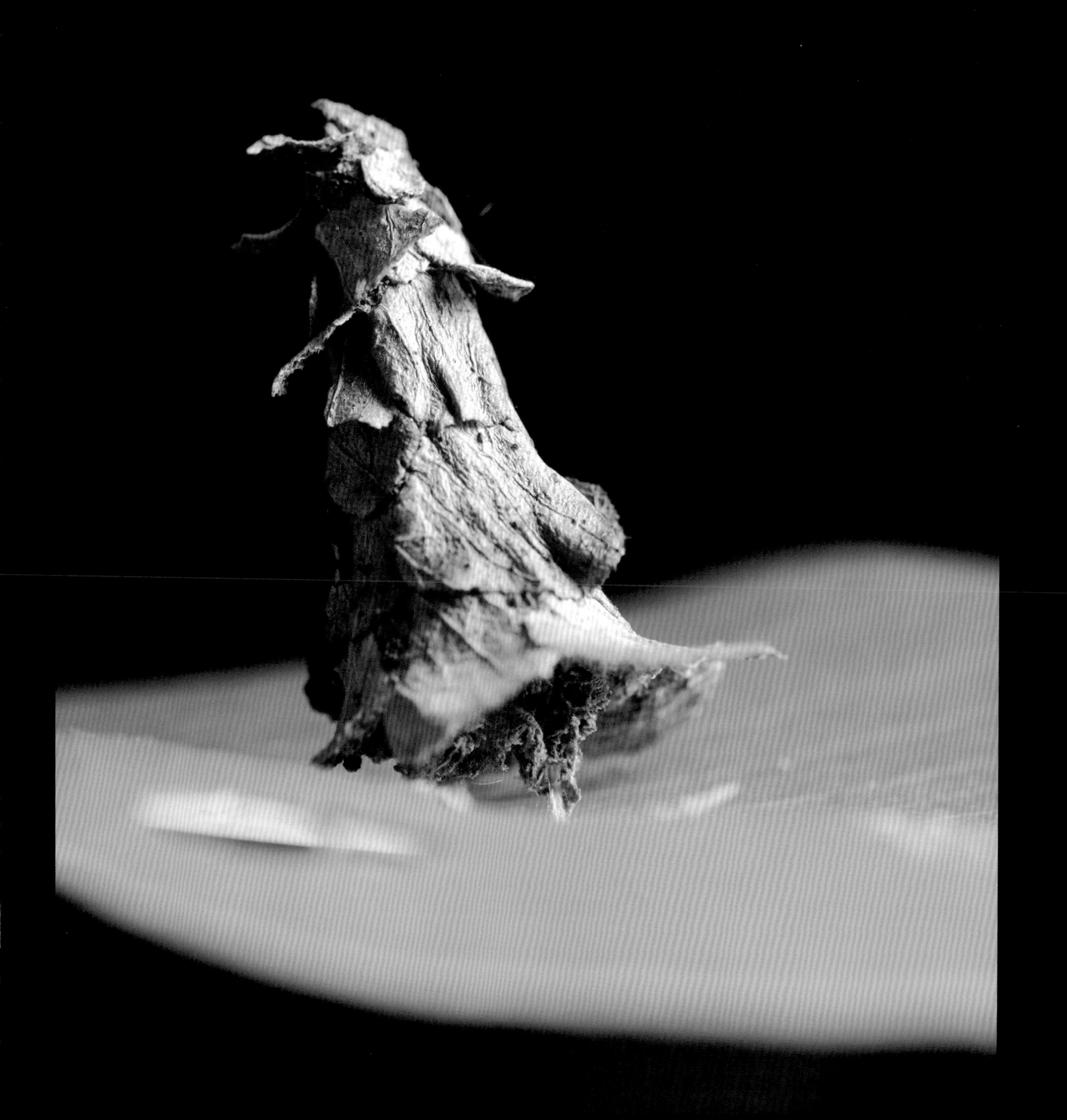

《融为一体》——这种蛾子将自己和树皮紧紧地贴在一起，几乎融为一体了。

《隐者》——在十万大山，这种蝽虫用树皮草屑把自己伪装起来，要成为它的天敌，首先就要练好眼力啊！

《天牛》——真的是虫如其名，因其力大如牛，善于在天空中飞翔，因而得天牛之名；天牛常常发出“咔嚓、咔嚓”的声音，就像是锯树一样。

《蜡蝉若虫》——这种蜡蝉若虫把自己的排泄物做成尾巴，伪装自己，迷惑天敌。

《拟叶螽斯》——它的整个外形活脱就是一片翠绿的叶子。

《大眼睛》——在昆虫界，很多昆虫拥有超强的视力，就是因为它们拥有构造特别的复眼。相对于单眼而言，复眼由多个小眼睛组成，每个小眼睛都是一个功能完善、独立的感光元件。蜻蜓的复眼由 30000 个左右小眼睛组成，蝴蝶也有 10000 ~ 20000 个小眼睛，至于图中这只虻的复眼由多少个小眼睛组成，还真得好好数数了！

《丽眼螳螂》——在海南尖峰岭，我费了很大的劲才看清楚这只丽眼螳螂，它身上的花纹、颜色、身体的形状和它居住的蕨类植物是如此的接近，有时候，你真的不知道是植物改变了昆虫还是昆虫改变了植物。

《碧蛾蜡蝉》——这小家伙反应非常灵敏，能以弹射的方式起飞。

《放牧》——聪明的蚜虫知道自己的弱小，于是用蜜露引诱蚂蚁来驱赶瓢虫，保护自己。

《细腰蜂》——细腰蜂的飞行本领高强，而且拥有毒针和强大的双颚，让人望而生畏。

《水蝽》——水蝽是凶猛的捕食者，它们经常静静地潜伏在水底并且将不同的伪装物附在身上，常捕猎水生甲壳类、鱼类以及两栖类动物。

《臭屁蝽》——有些蝽虫受到攻击会分泌出刺鼻的臭味，擅长使用化学武器吓退天敌，蝽虫就是其中的代表。

《千足虫》——全世界已经记载有约8000多种多足纲动物，估计总数有16000多种，常见的有蜈蚣、马陆、异蛩虫等等。有些品种如球马陆，受到惊吓会将身体卷成球状，利用坚硬的外壳保护自己。

《刀客》——据说螳螂利刀出鞘到完成攻击，所需时间不过0.05秒，在这样的快刀手面前，有时候体形较小的小鸟也会成为它的刀下亡魂，别说是图中的大黑蝉了。

《天生杀手》——小螳螂一出生就有猎杀的本能，普通昆虫只能臣服在它的脚下。

《巨型瓢虫》——在这样的巨无霸天敌面前，一切挣扎都是徒劳的，蚜虫们唯一的希望就是，它们的守护者蚂蚁尽快到来，赶走这个恐怖的怪物。

《一拥而上》——在海南三亚南山的一棵大树上，一群黄猄蚁正齐心协力将在战斗中牺牲的同伴运回巢穴。除了化学武器蚁酸，蚂蚁并无其他突出的本领，但它们擅长的团队作战却能够让很多动物闻风丧胆。

《食虫虻》——这种身体强壮的双翅目昆虫，拥有超强的视力，可发现身体后方的猎物，飞行迅速，变向灵活，在空中捕杀对手是它的绝技。

小提示

在昆虫界，有一些昆虫的飞行能力出众，行动迅猛，如蜻蜓、蜂、虻、蝇等，它们能够在空中完成追击猎物，绝对算得上是飞行界的高手。

拍摄这类昆虫，使用 150 ~ 180mm 的微距镜头要比 60 ~ 100mm 的容易一些，当然，如果你能付出更多的耐心，一切都不是问题。

《一箭双雕》——一对可怜的苦命鸳鸯，成了猫蛛的晚餐。

《乘虚而入》——这对交尾中的弄蝶，被幸福冲昏了头脑，被蟹蛛偷袭得手。

《蜘蛛侠侣》——体型小的雄性蟹蛛总是和雌性蟹蛛亦步亦趋，捕猎工作由体型大的母蜘蛛完成，它似乎只负责交配。上图中，这个小螽斯只顾着品尝美味的花蜜，却不知道危险已经逼近。

《致命毒液》——小螳螂被注入毒液后，几乎在数秒中之内就失去战斗力，任蜘蛛摆布了。

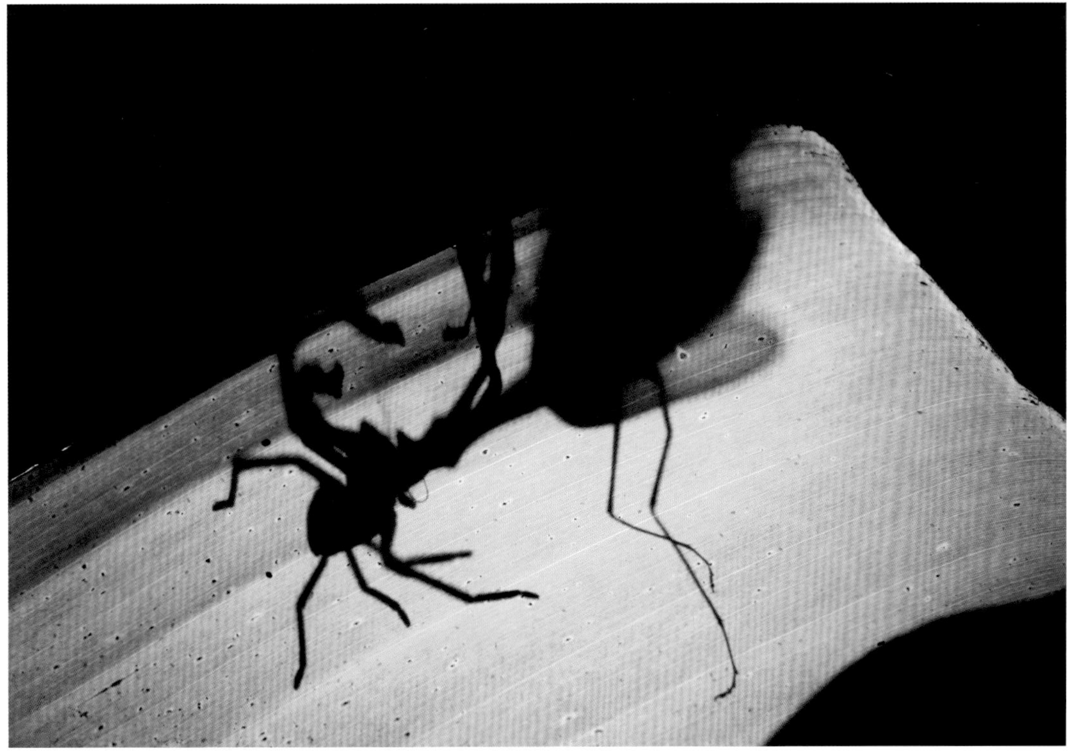

《暗夜杀戮》——有些蜘蛛的毒性很强，即使对付体型较大的螳螂，也不在话下。我在芭蕉叶子的后面打了一支电筒，正好把这个捕猎情景呈现出来。有时候，用剪影的表达方式，能够增添画面的神秘感。

《蛛丝的威力》——蛛丝的弹性加上粘力，飞虫一旦碰上，要挣脱是很困难的，即使侥幸挣脱了，也失去了飞行的能力。

《挣扎》——南阳诸葛亮，专捉飞来将。蜘蛛绝对是昆虫们最强的天敌。

《蚁蛛》——蚁蛛常常迷惑它的猎物，让虫子们以为它不过是一只小蚂蚁，但其实它可算是扮猪吃老虎的代表。

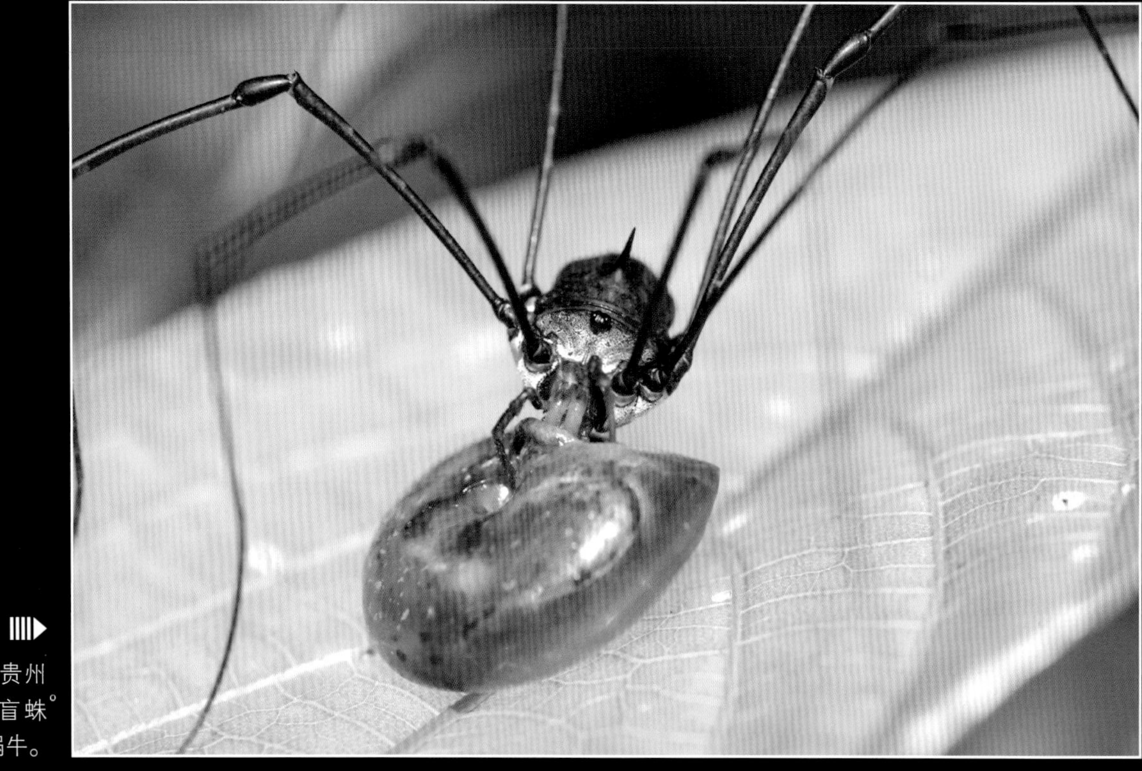

《盲蛛》——贵州茂兰，这种盲蛛°甚至能猎杀蜗牛。

《喷丝的瞬间》——小昆虫被这样打包，根本毫无还手之力。

《以小胜大》——在贵州茂兰自然保护区，一只小蜘蛛制服了比它体型大很多倍的蚂蚁。

《抛网打猎》——鬼面蛛科的蜘蛛能够以前三对步足张一个小网，遇有猎物则用抛网方式捕捉，一般夜晚出没，习性神秘，不容易看到。

《攻其软肋》——对付有坚硬装甲护体的金龟，聪明的蜘蛛竟然能找到它的软肋，实在令人惊叹。由于拍摄距离较远，使用了功率较大的SB600闪光灯。

《裂腹蛛》——分布在马来西亚、新几内亚、中国广西、贵州、云南地区，它们在树干上布下自己的陷阱，等待过往的小昆虫。

### 小提示

昆虫的天敌很多，除了蜘蛛，鸟类、蛙类也常以昆虫为食，有一些植物如猪笼草、捕蝇草也会捕食昆虫。

但对昆虫伤害最大的是人类，无休止地砍伐和破坏森林、绿色植被，让动物们失去赖以生存的家园，失去食物的来源，这才是很多物种消失的重要原因。

因此，作为生态摄影师，除了在拍摄中爱护这些小精灵，还有责任将保护自然生态环境的情感和理念融合到作品中，这样，作品才更具内涵，更有生命力。

《潜伏》——夜晚，一只树蛙悄悄地埋伏在一根竹竿上，耐心等候猎物的出现。

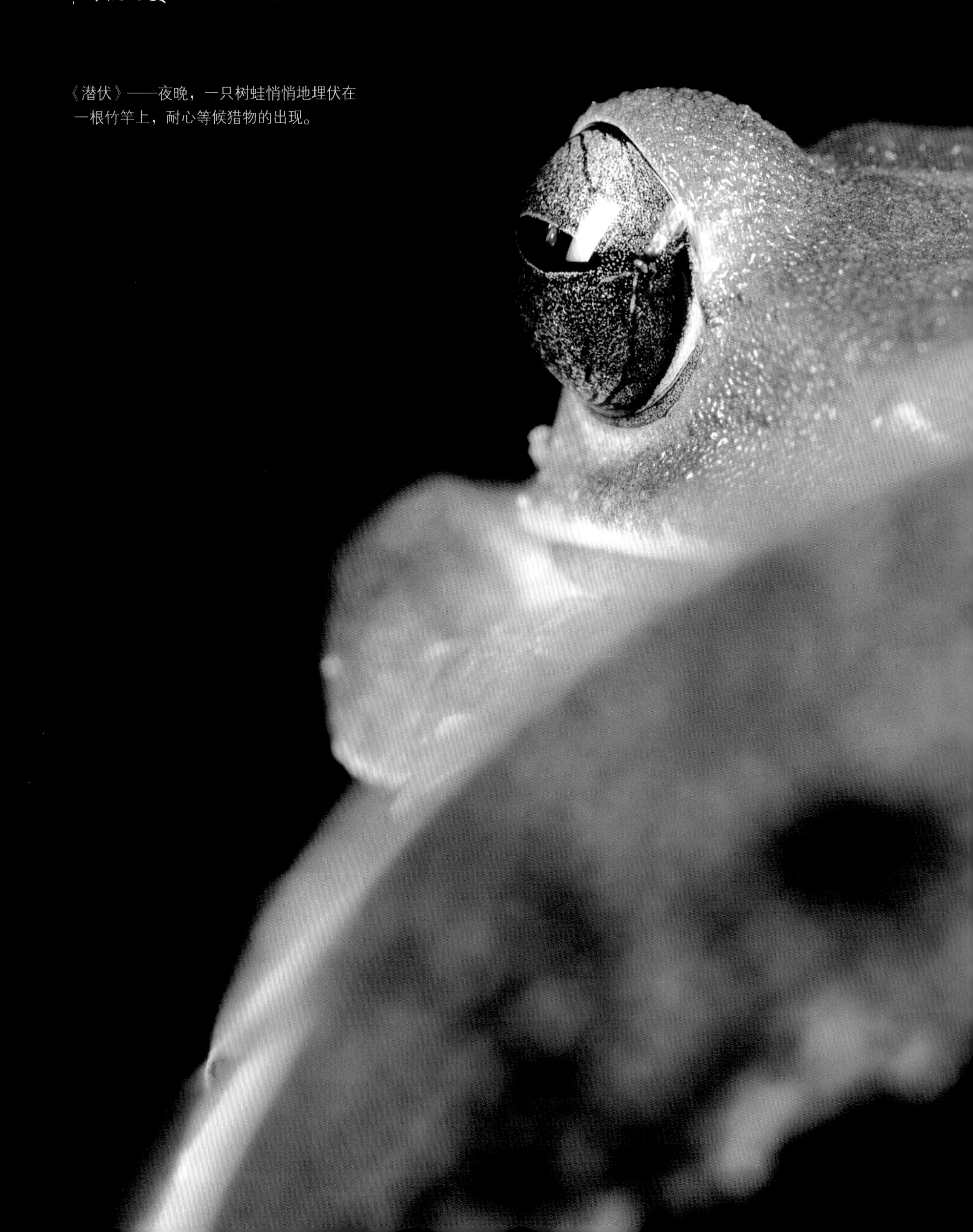

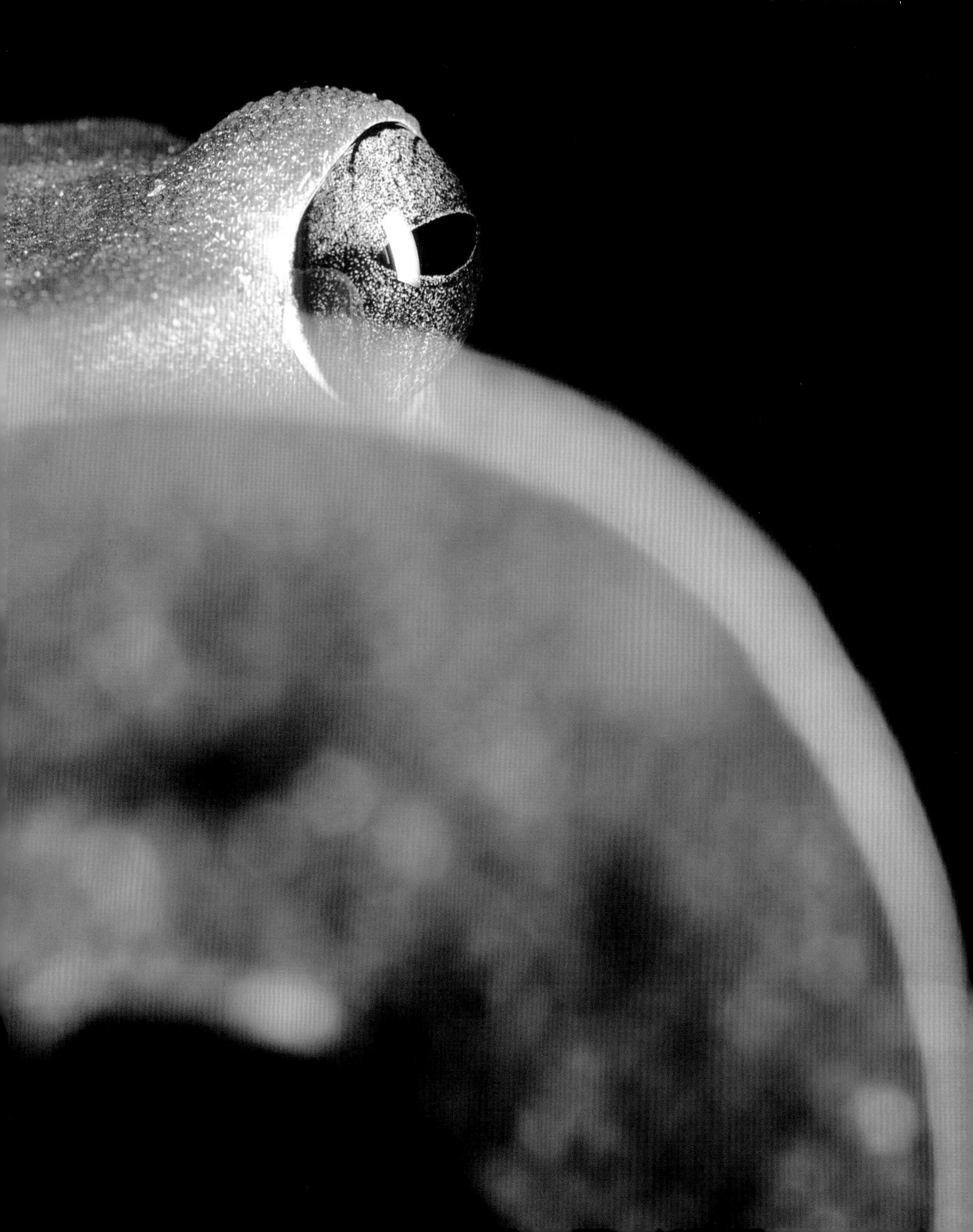

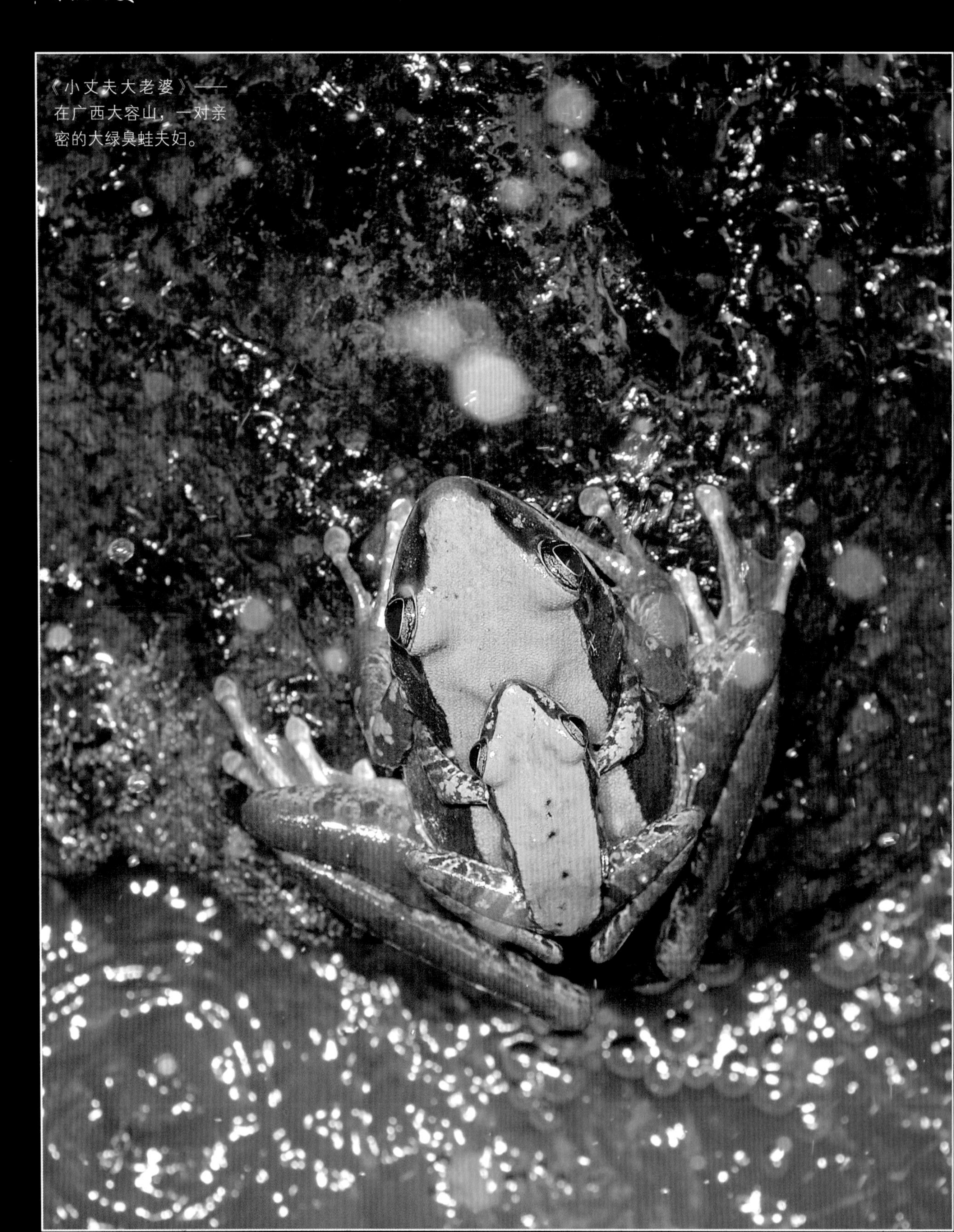

《小丈夫大老婆》——在广西大容山，一对亲密的大绿臭蛙夫妇。

《蓄势待发》——在茂兰自然保护区，一只黄色的树蛙警惕地注视着我们，随时准备起跳。

《金蟾蜍》——这只蟾蜍是我见过的最漂亮的癞蛤蟆，金黄色的身体，颇有气势的眼神。

《绿色的树蛙》——茂兰自然保护区竹林里拍到的一只小家伙。

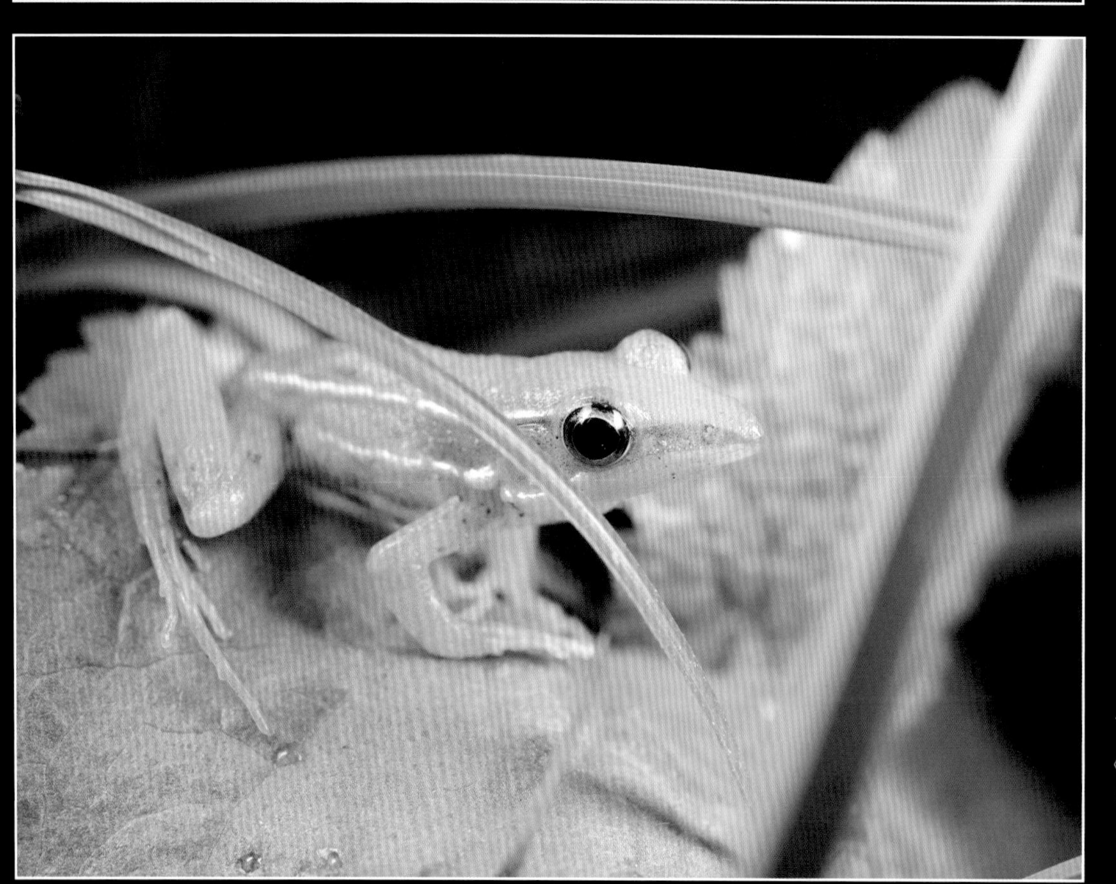

《蛙声一片》——夜晚的梵净山边，这些小蛙正在高歌求偶，非常热闹。

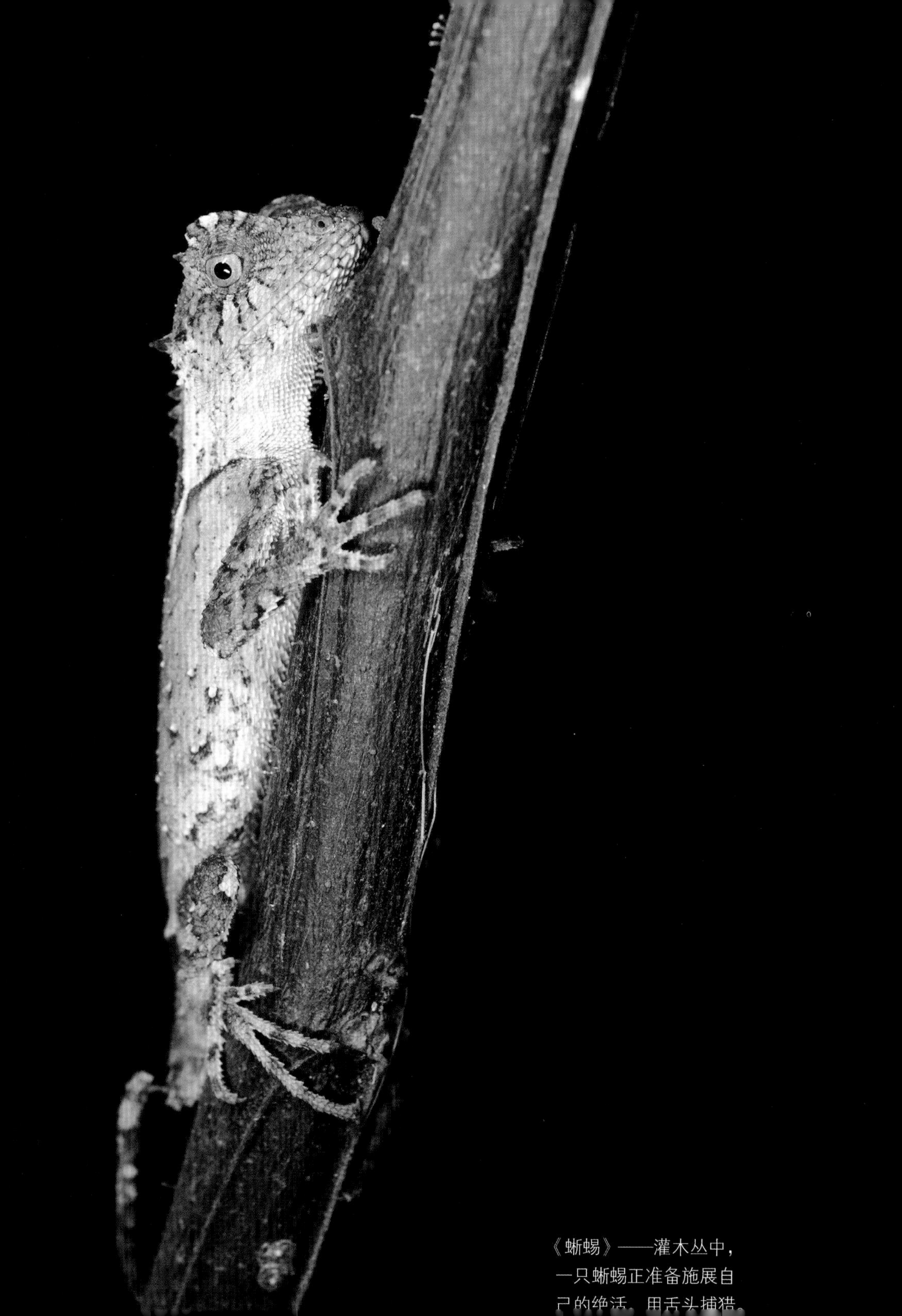

《蜥蜴》——灌木丛中，一只蜥蜴正准备施展自己的绝活，用舌头捕猎。

《石龙子》——草丛或石堆旁，常可见到这种尾巴细长俗称“四脚蛇”的石龙子，也以昆虫为食，爬行速度极快。

《小鸟》——对于昆虫而言，小鸟绝对是天敌中的天敌。

《胆大包天》——在廉江谢鞋山，一只胆大包天的苍蝇落在青竹蛇的头上，悠然自得。拍摄毒蛇类，一定要非常小心，不能靠得太近，建议还是使用长焦微距拍摄更安全。

《壁虎》——这个家伙估计大家比较熟悉了，昆虫简直是它们的主菜。

# 第5章 后期处理技巧

一张好底片如果得不到好的制作、冲洗，就如同有了好乐谱不能奏出好曲子一样。

# 5.1 数码相片的后期处理

在拍摄中，相片的成像会受到灰尘、光线等很多条件的影响，拍出来的相片常常会美中不足，因此需要使用 Photoshop 等图像处理软件调整相片的颜色、亮度、对比度，以及添加文字图案等，让照片符合拍摄意图。

## 5.1.1 后期制作对于微距摄影的重要性

在所有拍摄门类中，微距摄影的后期可以说是最简单的，只用对色阶、对比度进行几步调整就可以完成。但也可以是最复杂的，假如你要更换一个昆虫图片的背景，昆虫身上无数的刚毛一定让抠图的人抓狂。

但即使是最简单的处理方式，对于微距摄影作品的提升也是显而易见的，如拍摄的花卉，常常借助后期处理来改变色调，以营造自己所需要的画面氛围。

风光摄影大师亚当斯说过，“一张好底片如果得不到好的制作、冲洗，就如同有了好乐谱不能奏出好曲子一样。”由此可见后期处理的重要性，在这一章里，将会介绍后期处理的常用软件和处理的技巧，学会这些，将会让你的微距作品变得更加吸引人。

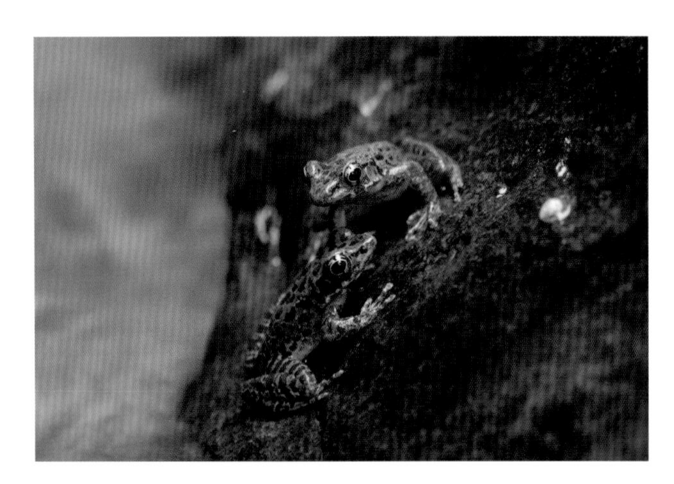

原图

处理后

同一张相片，截然不同的效果，这就是后期处理带来的实实在在的好处。

## 5.1.2 常用的图像浏览、处理软件

现在主流的图像浏览、处理软件有 ACDSee、光影魔术手、Photoshop 等，各相机厂商还有专门针对自己 RAW 格式文件推出的处理软件，如尼康的 Capture NX。

软件的安装并不复杂，只需要根据提示操作即可。软件有些是免费的，有些则需要注册才能够使用。如果你对这些不太了解，可以请熟悉的朋友帮忙安装。

## ACDSee

当前最流行的看图工具之一，操作界面简单易懂、浏览迅速、支持图片格式丰富，使用者可以借助 ACDSee 对相片进行分类管理和简单的后期处理。

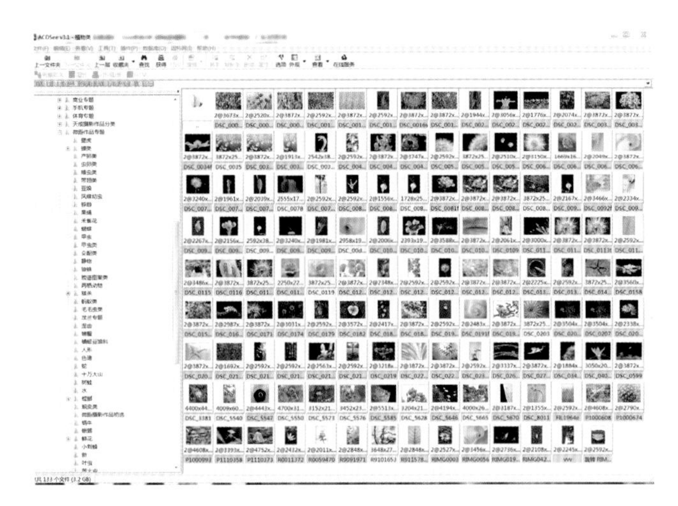

ACDSee 适用于浏览、整理分类相片。

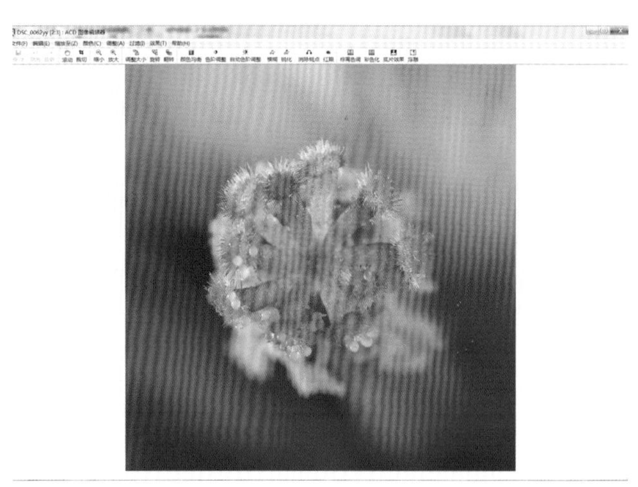

也可以对图片进行简单的处理。

## 光影魔术手

光影魔术手是一个简单、易用的免费图片处理软件，使用者不需要专业的图像技术，就可以调整相片的色彩、亮度、锐度，还可以模拟不同的成像风格。

光影魔术手虽然处理相片的效果不够专业，但添加相框、水印、文件批量处理等功能非常实用，深受摄影人的喜爱。

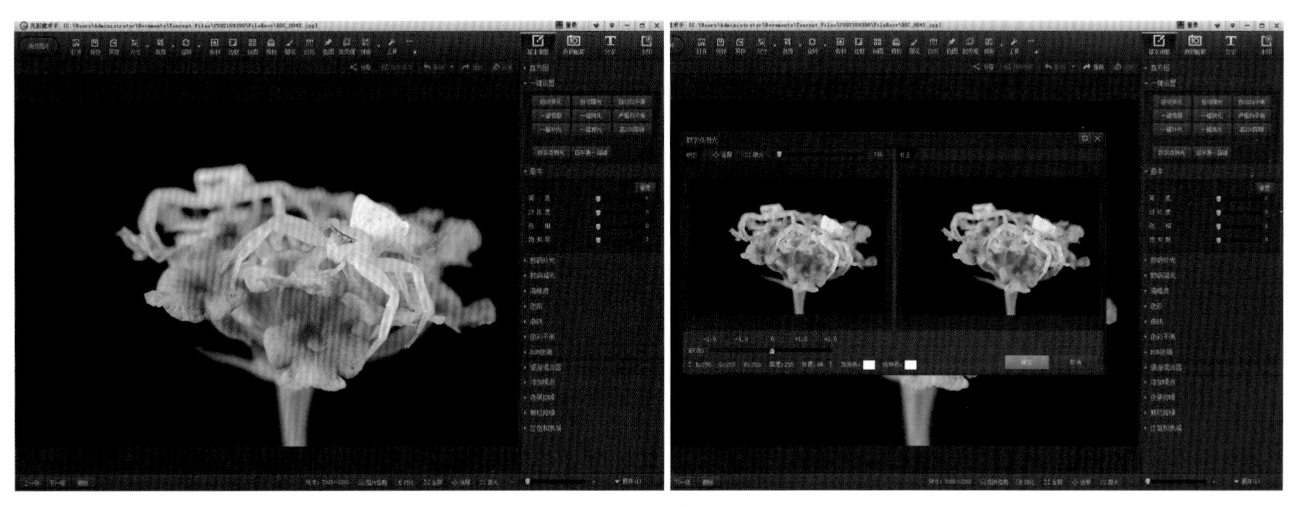

光影魔术手的操作界面简单易懂。

数码暗房功能有很多照片特效。

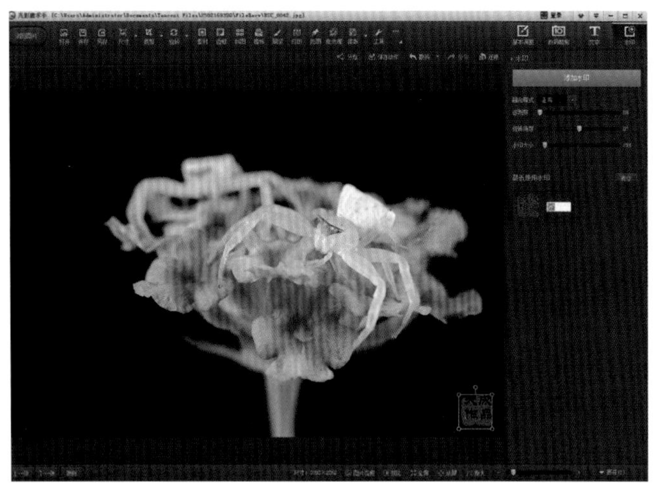

为照片添加水印。

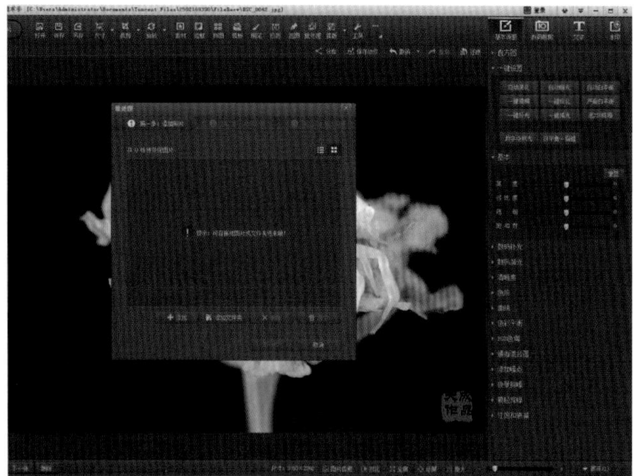

批量处理相片功能很实用。

尼康Capture NX 2软件

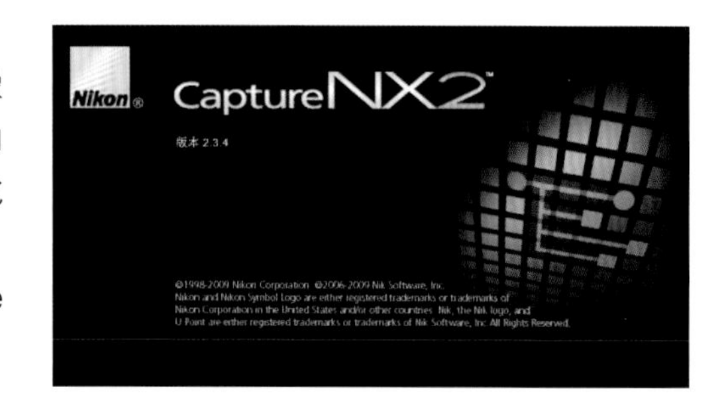


Capture NX 是尼康公司针对自己的 RAW 文件格式推出的图像处理软件，Capture NX 2 作为该软件的升级版本，除了广受好评的色阶校准、彩色控制点、锐化调整外，新增了选区控制点、非锐化滤镜、D-Lighting、自动修复画笔等功能。

对于那些希望轻松获得高质量影像的尼康用户而言，Capture NX 2 是一款功能强大，简单易用的软件。

Capture NX 2 的操作界面。

其他的数码相机公司推出的图像处理软件还有佳能的 Digital Photo Professional、索尼的 Image Data Converter SR、宾得公司的 RAW Codec 等，和尼康的 NX2 一样，它们都是相机厂家针对自己的 RAW 文件格式开发的专用图像处理软件。各品牌之间软件并不兼容，尼康的软件打不开佳能的 RAW 文件，佳能的软件也不能打开尼康的 RAW 文件。

各品牌的图像处理软件功能有长有短，效果并不一致。而 Adobe 公司旗下可以处理各种 RAW 图片格式的专业图像处理软件——Photoshop 就更受摄影师的欢迎。

Photoshop

Photoshop（简称 PS）是摄影师必备的图像处理软件，它集图像扫描、编辑修改、图像制作、广告创意、图像输入与输出等功能于一体，深受摄影师、平面设计人员和电脑美术爱好者的喜爱。

和前面简单自动化的图像处理软件不同，PS 的功能非常强大，自主性强，处理相片效果更加出色，但对使用者要求较高，需要具备一定的图像处理知识和技巧。

Photoshop CS 操作界面中，左边是工具箱，共有 7 类工具，工具箱中每一个按钮代表一个工具，使用鼠标单击要选取的工具，当按钮显示被压下的样子，表示已经选取该工具。如果工具按钮左下方有一个三角形的符号，表明该工具还有弹出式的工具，长按后会出现工具组。将鼠标移动到工具上方停留，会显示出该工具的名称。

处理相片常用的工具有：选取工具、移动、裁剪工具、仿制图章、污点修复、去红眼、橡皮擦、模糊、锐化工具、文字、图像色彩处理工具等。

### 5.1.3 RAW文件的优势

在前面的软件介绍中，常常提到 RAW 文件格式，可能朋友们会奇怪，和 JPG 文件相比，RAW 文件的优势真的那么大吗?

RAW 的原意就是“未经加工，处于自然状态的”，我们用数码相机进行拍摄时，图像感应器会将捕捉到的光信号转变为电子信号，然后在数码相机内部进行模数转换等，这样就产生了未经各种处理和压缩的 RAW 图像数据。而 JPEG 图像是通过数码相机内部的影像处理器对未经处理的 RAW 图像数据进行各种处理和数据压缩等生成的图像，这是一种有损的图像压缩格式，优点是数据量较小，兼容性好，大多数程序都能读取。

RAW 图像是未经数码相机影像处理器进行最终处理而保存下来的图像数据，即使我们对色彩和亮度进行较大范围的调节，也无须担心画质降低。此外，在某些拍摄参数如对白平衡的调节，可以在软件中重新设置，仿佛回到拍摄时一样。RAW 不足之处是兼容的软件较少，很多图像浏览软件并不支持，而且打开缓慢。

因此在微距摄影中，建议大家使用基本 JPEG + RAW 格式拍摄，JPEG 方便浏览寻找图片，而且文件很小，不需要增加很多存储空间，这样就克服了单纯用 RAW 格式拍摄的弱点。

RAW 格式的文件有更高的可调空间和色彩宽容度，这是 JPEG 格式不能相比的。

# 5.2 RAW文件格式处理实例

下面通过实例示范，向你介绍处理微距摄影作品的常用技巧。

1. 打开RAW图片

开启 Photoshop 软件，双击其灰色的图像显示区域，就会弹出文件的浏览窗口，选择需要处理的相片，即可打开图片。

打开后，Photoshop 会自动弹出 Camera RAW 界面，你可以在这里对 RAW 文件进行调整。

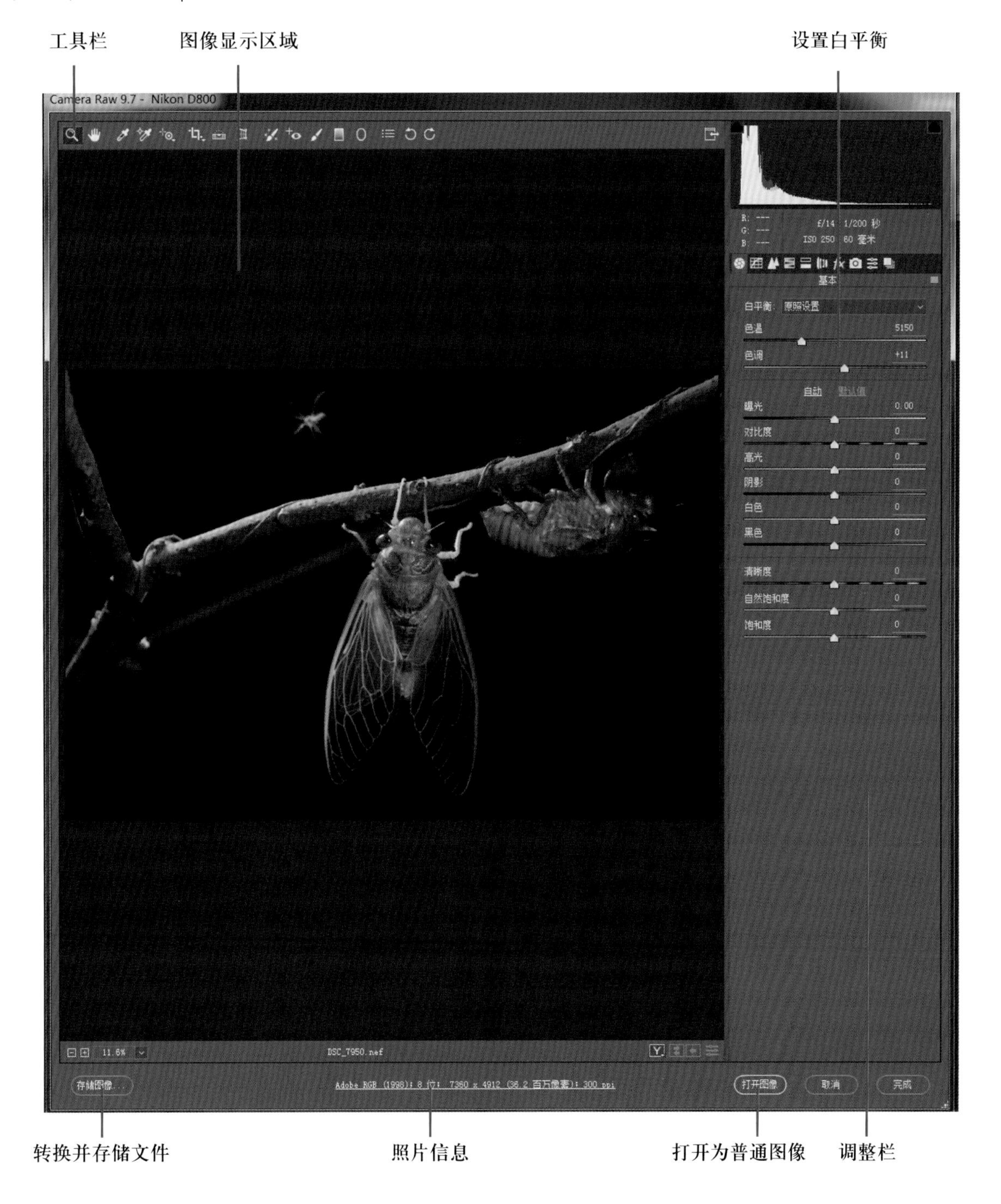

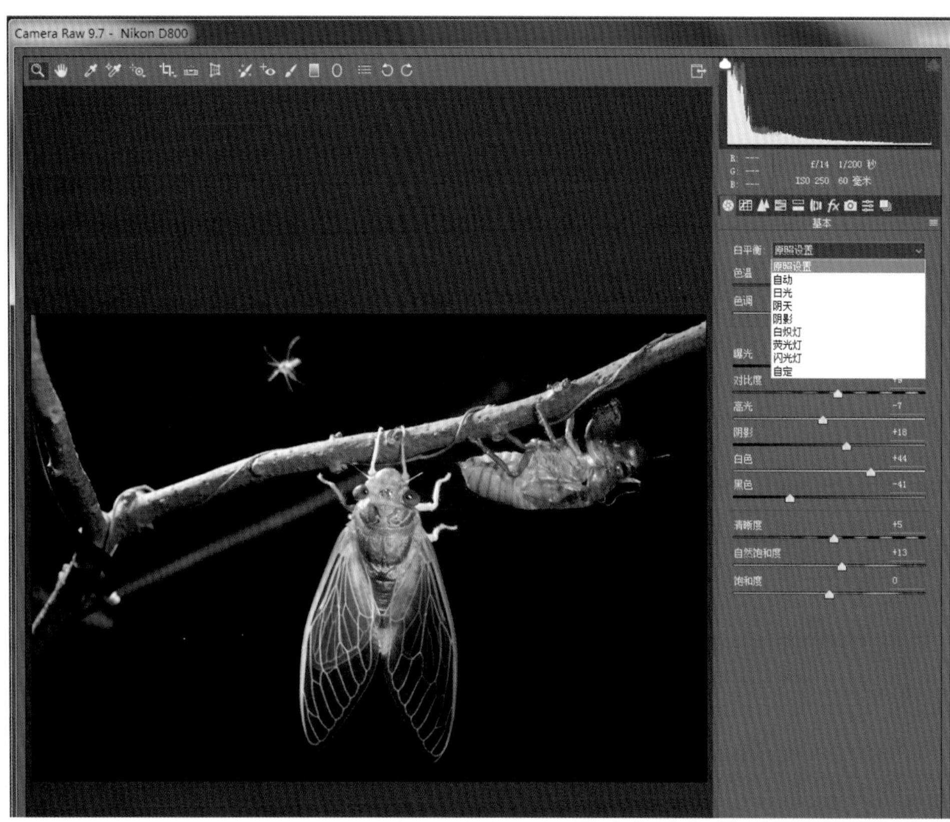


曝光、亮度、对比度、清晰度、饱和度都是经常调节的选项，其中【曝光】选项能够改善画面的亮度，对于曝光不足的相片，有很好的效果，而【白平衡】【色温】【色调】选项能够重新改变或者校准画面的色彩。

这些参数并不是固定的，通常曝光准确的相片需要调整的幅度小一些，曝光不准的相片调整幅度会大一些，当然，追求特殊效果的调整除外。

下图是经过调整后的画面效果，和前面相比，已经有了不小的改变。

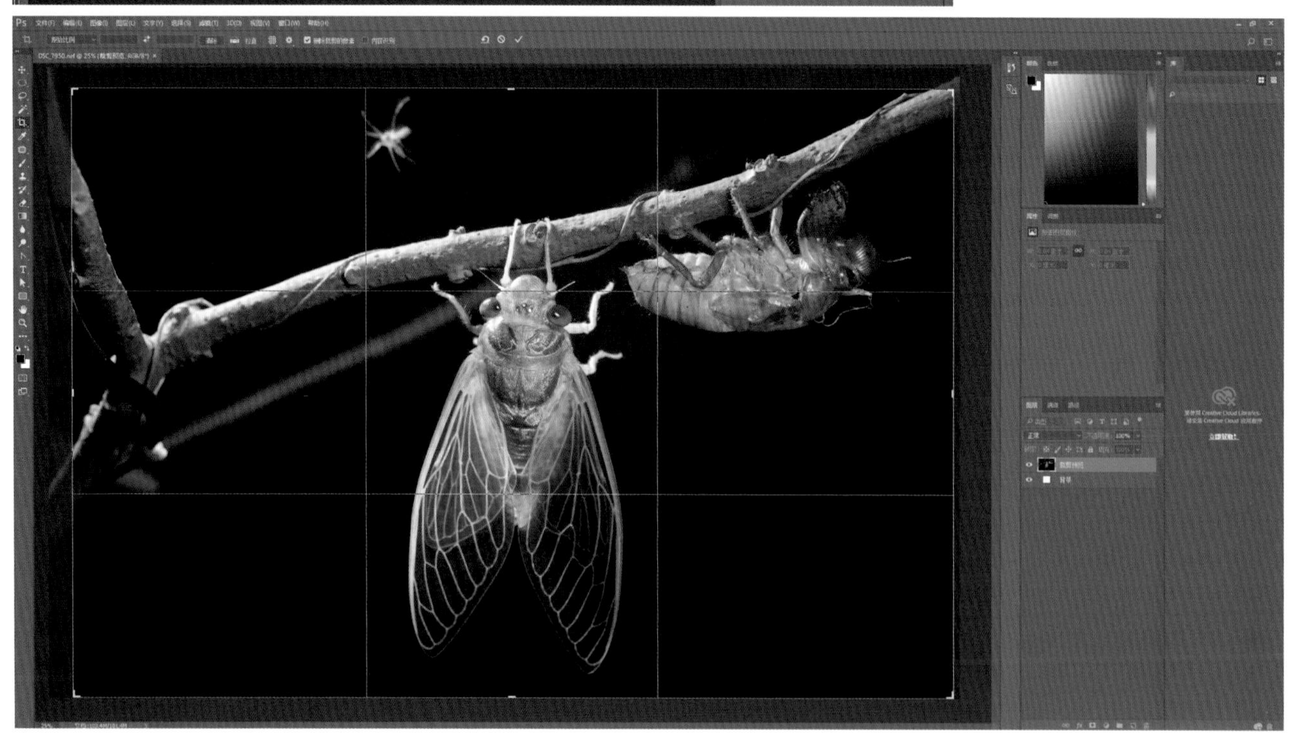

2. 裁剪构图

打开图像，观察画面的构图是否适合，主体是否突出，如果有不足，可使用裁剪工具进行二次构图。

3. 调整色阶

色阶是表示图像亮度强弱的指数，它影响着图像的色彩和细节的精细度。按 Ctrl+L 键打开色阶的对话框，分别拖动色阶对话框中的暗部、中间调、亮部滑杆进行调整，或者使用自动功能，直到效果满意为止。

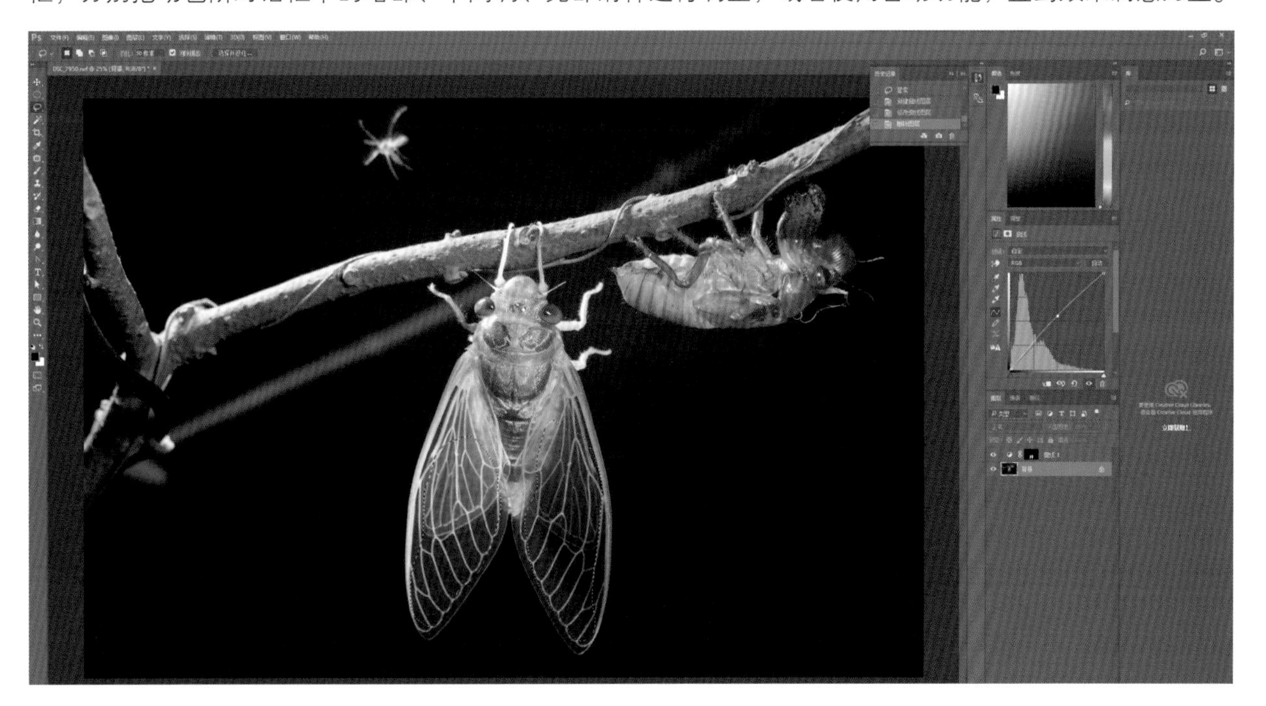

4. 局部提高亮度

很多时候，我们需要提升画面中某一局部的亮度，如焦点位置的亮度，让画面的视点更加集中。可先使用套索工具选择区域，并羽化选区，再按 Ctrl+M 键打开曲线对话框，拖动曲线，即可调整亮度。

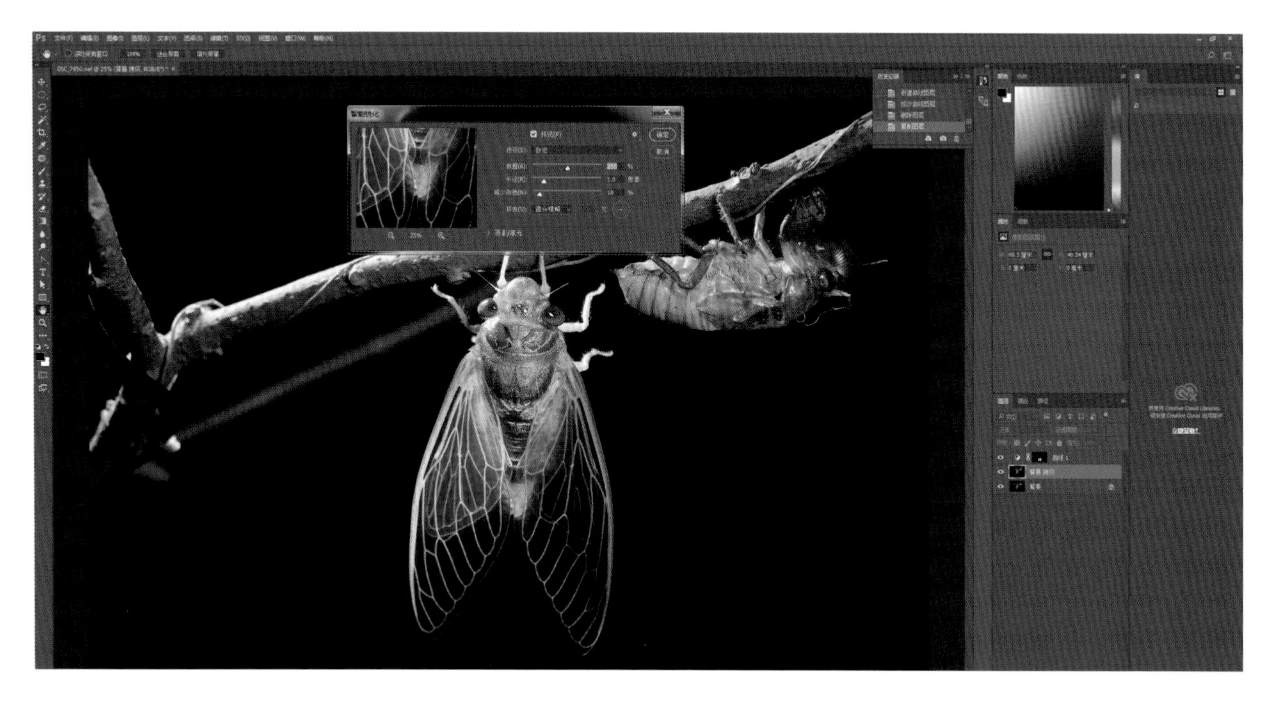

5. 锐化

将背景图层复制一层，在新一层上进行智能锐化（设置如下图所示）。这种锐化有不足的地方——它是将整个画面锐化，而且增加了噪点。

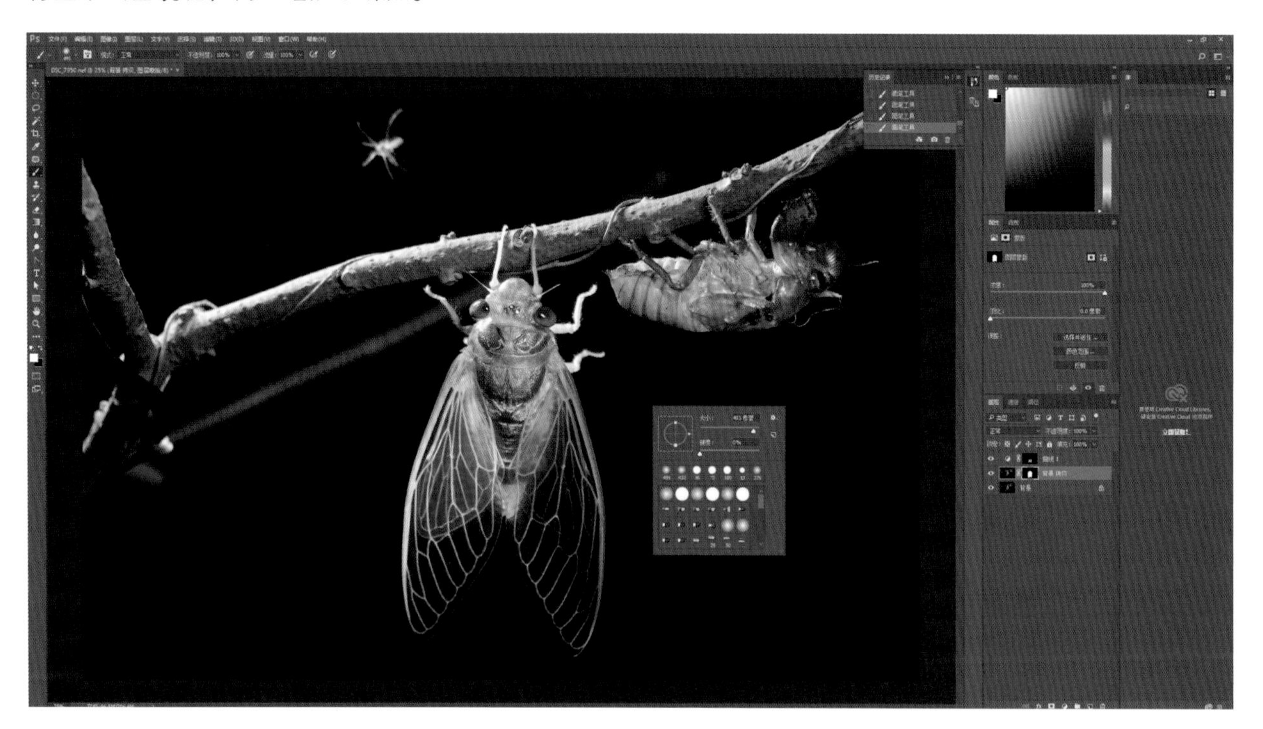

6. 利用图层蒙版功能将锐化变成局部锐化，消除噪点

添加图层蒙版→将黑色作为前景色→填充→设置画笔大小和硬度，将前景色设为白色，在你需要锐化的地方反复涂抹。这样，锐化只会对蒙版中白色区域内的范围产生作用。

7. 保存的格式

处理基本完成后，再次审视画面的色彩、构图，是否有其他瑕疵等，确认无误后保存。

Photoshop 存储的格式有很多，常用的图片格式有 Jpeg、Tif、Psd 等。

前面我们说过，Jpeg 具有有损压缩的特性，图片的质量和压缩的比率相关联。在 Photoshop 里存储的时候，图片品质的选项，就是 Jpeg 的压缩选项，可以根据自己的需求进行调整。

如果你的图片多用于网络传播，普通打印，选择 Jpeg 格式就足够了，如果你的图片要用来进行高精度输出，如画册出版、大幅面输出等，建议使用另外一种质量很高的图像格式——Tif 文件。

和 Jpeg 相比，Tif 的信息量更多，文件体积是 Jpeg 的数倍。而且可以在不同电脑平台、软件之间交换。

而 Psd 是 Photoshop 软件自身标准的图形文件格式，具有可编辑性，能够在文件中保留图像模式、图层等多种信息，方便修改和制作各种特殊效果。一般的图像软件不能打开 Psd 格式的文件，因此在处理完成后，要将 Psd 文件转成 Jpeg 或者 Tif 格式存储，方便浏览和使用。

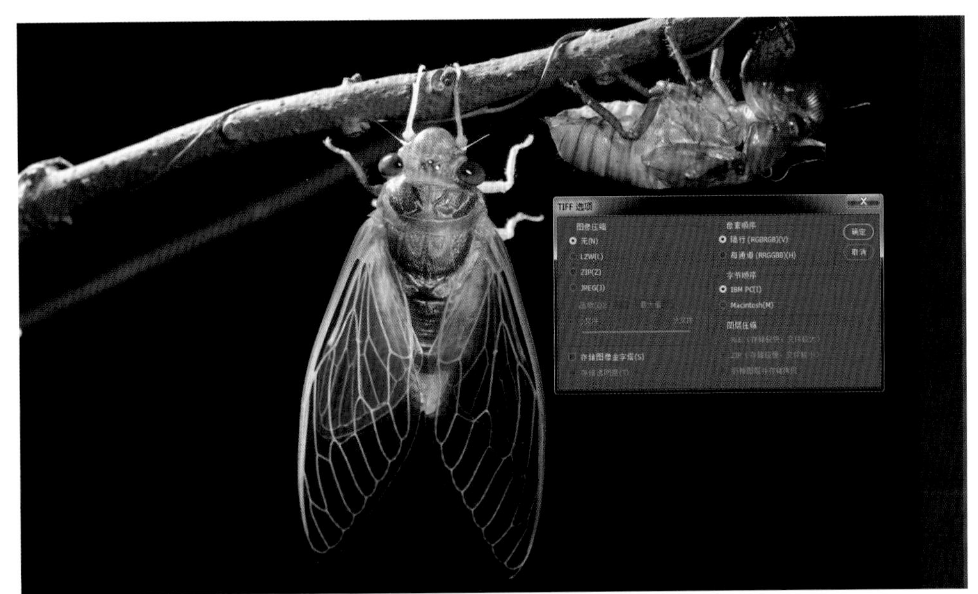


Tif 文件很大，占硬盘空间较多，但适合高精度输出，对电脑的性能要求很高。

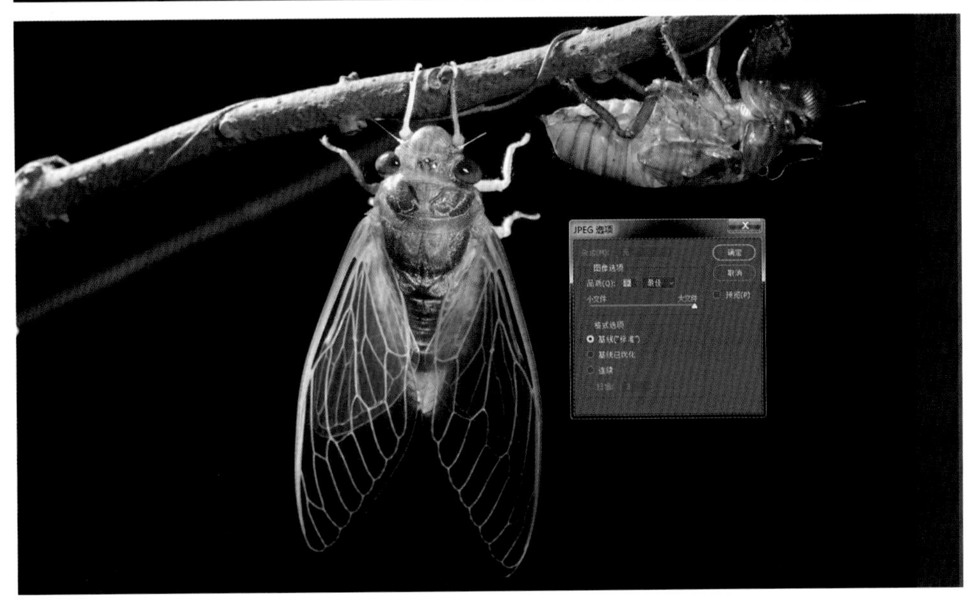


Jpeg 是最常用的格式，相片处理完成后，在图像选项里建议设置为【最佳】，如果上传到网络，可以将相片品质调低一些。

通过原图和处理后的效果对比，后期对于摄影作品的重要性，我想就不言而喻了。

当然，我们在前期拍摄的时候，尽力做到对焦清晰、曝光准确、构图合理，同时，多使用 RAW 格式来拍摄，这样在后期处理上，作品的可调空间更大，处理起来就游刃有余了。

原图

处理后的作品

## 5.3　关于后期处理相片的几点建议

作品的后期处理是完善和提升作品效果的重要环节，因此，多学习一些图像处理技巧，是非常必要的。但无论如何，前期拍摄才是一张好作品的基本，除了准确的曝光技巧，画面的内容才是最重要的，因为这是你不能 PS 的！

以下是后期处理的建议：

（1）尽量选择一款好的显示器。显示屏颜色是否准确，对处理相片有着很大的影响。

（2）注意你电脑周围的环境色带来的影响。蓝色、黄色的窗帘，光的强度，都会让视觉产生颜色的错觉。

（3）PS 软件本身功能很多，即使是同样一个效果，也可以有多种的处理技巧。或许 PS 的操作会比较复杂，但只要虚心学习，就能够掌握。

（4）结合照片本身的特点和意境，灵活运用的 PS 技巧，发挥想象力，才能够给作品带来更多的创意。

（5）认识后期处理与摄影之间的关系，不要过度依赖后期，尽量在前期拍摄中就做到曝光准确，构图合理，这样才能够让摄影水平更上一层楼。

# 第 6 章

# 微拍情缘

在这一章里，将向大家介绍我所拍过的一些森林公园、自然保护区，以及其中精彩的拍摄故事，还有野外求生的简单技巧。

# 6.1 我的摄影战友

摄影是一件快乐的事情，对于我们这些喜欢微距摄影特别是户外生态摄影的爱好者而言，摄影的故事注定更加精彩。

最早接触微距摄影是在 2001 年，当时拿着一台海鸥相机加 50mm 的标头在菜地里转悠，拍些青蛙蜘蛛什么的，一直到了 2005 年，买了一台理光 GX 相机，微距摄影的热情才得到了充分的释放，并沉迷在其中。

在这过程中，我认识了小波、摄到晕、套头、蛋蛋、大雄、虎头虎脑、山哥、戚森、陈裕、海浪等很多志同道合的昆虫摄影师。特别是小波老师，我与他并肩战斗在山野田间，一起走遍了很多森林、自然保护区，一起经历了很多精彩的故事。

从 2007 年起，我们经常到各地的森林公园、自然保护区进行拍摄，从廉江的谢鞋山野生荔枝林、根竹嶂，到广东惠州龙门南昆山、海南的尖峰岭，还有广西的大容山、十万大山、八寨沟、龙潭森林公园、弄岗自然保护区、贵州茂兰自然保护区、荔波小七孔、梵静山森林公园等地方都留下了我们的足迹，记录下了很多美丽的生物。

无论是日晒雨淋，蚊叮虫咬，或者是负重 10 多公斤步行 20 多里山路，我们都不曾动摇过，一直倔强地把镜头对准这些神秘的小昆虫小动物，用我们的方式记录和展示大自然生命的神奇，借此吸引更多的人关注这个脆弱而美丽的自然生态环境。

我的虫虫摄友，他们对生态微距摄影是如此的痴迷。

陈裕

戚森

俱乐部影友采风活动

蛋蛋

## 6.2 走过拍过的森林公园和自然保护区

在这里向大家推荐一些自然保护区或者森林公园，它们的生态环境保护得很好，物种丰富，是进行生态微距摄影的好场所。

### 1. 廉江谢鞋山野生荔枝林保护区

谢鞋山野生荔枝林位于廉江市廉城镇东南约 6 公里的谢鞋村，面积约 900 亩，海拔 80 多米，山上长满了野荔枝、黄榄、黑榄、毛荔子等树木以及野藤杂草，郁郁葱葱。

虽然谢鞋山不是什么名山大川，但这里也有很多特别的小生命。春夏之间，我们几乎每星期都要去那里寻找昆虫，那里可算是我们拍昆虫的基地了。

2. 广东龙门南昆山

南昆山自然保护区位于龙门、从化、增城交界处，森林覆盖率达 98.2%，区内重峰叠峦，古树参天，青竹遍野，繁衍着无数珍稀动物、植物，人们称南昆山是动物的天府、植物的宝库，素有“北回归线线上的绿洲”“南国避暑天堂”“珠三角后花园”之美誉。

3. 海南尖峰岭国家级自然保护区

海南尖峰岭国家级自然保护区位于海南岛西南部，地跨乐东和东方两县市，属森林生态系统类型自然保护区。区内的无脊椎动物资源丰富，至目前为止已鉴定的约有2000多种，其中蝴蝶多达449种，居中国自然保护区之冠。

尖峰岭的山蚂蟥比较多，特别是在老林区，我们就吃过它们的苦头。在这里拍摄，最好将自己的衣袖裤管扎紧，以防受到山蚂蟥的攻击。

另外，这里的蛇类也比较多，作为生态摄影师，应时刻记住安全是最重要的，在密林中拍摄，每到新的拍摄点，都要先观察周围的环境，注意是否有毒虫出没。

#### 4. 广西十万大山森林公园

十万大山国家森林公园位于广西防城港市上思县境内，距离南宁市 136 公里。这里分布着完整的原始状态的亚热带雨林，山清水秀，物种丰富，是拍摄昆虫的好去处。

十万大山的原生性植被为北热带季雨林和季风带绿叶林，植物种类达 1890 种以上，动物种类有 500 多种。金花茶、罗汉松、黑颈长雉、猕猴等珍稀动植物在这里共同繁衍。

5. 广西弄岗自然保护区

弄岗自然保护区在龙州县城东北30公里，跨龙州、宁明两县。分陇呼、弄岗、陇山三片，面积101平方公里。这里群山连绵，地下河纵横，密林深处，森林生态系统保存较完整，生物资源丰富，有植物1282种、动物123种、昆虫439种。岩溶、地质、地貌、水文、土壤和气候等方面都很典型，具有较高的研究价值。

### 6. 广西八寨沟

八寨沟位于广西钦州钦北区西北五十多公里的十万大山腹地贵台镇洞利村境内，独具岭南与亚热带雨林特色，是众多游客喜欢的一个幽谷探险、放飞心情的国家 4A 级景区。

八寨沟里山峦重叠，云遮雾障，树木繁茂，藤蔓缠绕，小溪潺潺，鸟兽鱼虫在此生息繁衍，宛若伊甸园。其中的许多生物，如同来自科幻小说一般，美丽而神秘！

大小不同的瀑布、水潭随着山涧的延伸随时可见，人在其中，遁一练清流，与飞鸟和鸣，携彩蝶嬉乐，同鱼儿戏水，尝水碧山青，真是人生乐事也！

7. 广西龙潭森林公园

龙潭森林公园里峡谷、飞瀑、奇潭遍布，蕴藏着丰富的动植物资源，有植物 1093 种，动物 112 种。有国家一级保护植物金花茶、园籽荷、二级保护桫椤、紫荆木等二十多种，有国家一、二级保护动物瑶山鳄蜥、猕猴、娃娃鱼等十多种。

公园以其秀丽多姿的自然景观，成为北回归线上一颗耀眼的绿色明珠。

### 8. 大容山森林公园

大容山森林公园位于广西北流市境内，距玉林城区 46 公里，距北流 23 公里，公园总面积 2930 公顷，主峰莲花顶海拔 1275.6 米，为桂东南第一峰，史称南方西岳。

山中地貌一般在海拔 1000 米左右，属亚热带气候区，春雾、夏凉、秋爽、冬干，四季景色各异。公园森林覆盖率达 92.5%，原生植被为南亚热带常绿阔叶林，公园共有植物 357 种，属国家重点保护的植物有 23 种；公园内常见的野生动物有 22 目 61 科 180 种，昆虫就不计其数了。

曾经，大容山是我和虫友们最爱拍摄地之一，常常一年去两次。每一次去，大容山森林公园都能给我们带来新的惊喜，拍摄到与众不同的昆虫。

大容山由于山高云密，水资源丰富，山内的高山湖泊 10 多个，溪流几十条，瀑布上百处。有海拔 1000 米的莲花瀑布，总落差约为 500 米共分九级。其中九瀑谷景区是原生态的溪谷长廊，全长 3 公里，溪谷以生态为主题，以谷幽水清、石美林秀为特色，瀑、潭、滩贯穿整条溪谷，终年都可以听到群水流动的声音，因此这里的溪谷长廊有岭南第一谷的美称。

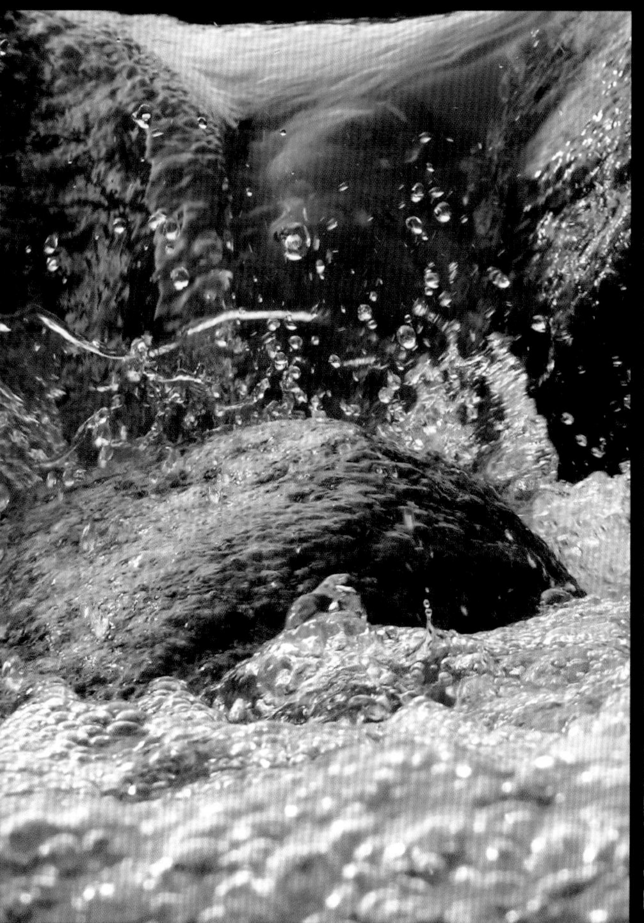

### 9. 贵州茂兰国家自然保护区

其位于贵州省荔波县境内，面积 2 万公顷，以其独特的喀斯特森林著称于世，它是贵州首个且唯一的世界自然文化遗产，有地球的“绿腰带”之称。

2009 年，我和小波老师在茂兰自然保护区里面住了 7 天，每天平均拍摄 10 小时，依然充满新鲜感，那里的昆虫可以用一个词来形容，就是目不暇接。

虽然茂兰保护区里的风光没有荔波大小七孔那样有名，但如果你想要拍摄昆虫，来这里绝对是一个正确的选择，而且保护区内民风淳朴，村民非常的友善。

穿越漏斗原始森林

摸着布满青苔湿滑的石头，在比人还高的杂草中穿行，满是泥浆的谷底，不远处就是直通地下暗河的陷洞……

现在回想起来，我们当时穿越漏斗森林，真的是一种壮举，需要很多的勇气。我们在密林中大约穿行了 11 个小时，从早上六点多出发一直到了下午将近七点才走出森林。

向导李大哥为提升我们向前行的动力，N 次向我们说："还有半小时就到了！"这声音仿佛还犹在耳边……

但这次艰苦的茂兰之行，让自己非常的自豪，拍摄收获也不小，在森林深处记录了很多罕见的昆虫。回放这些作品，会让你觉得，再辛苦也值得！

### 10. 荔波大小七孔

贵州大小七孔景区位于荔波县城南部 30 余公里的群峰之中，其中小七孔在宽仅 1 公里、长 12 公里的狭长幽谷里，集洞、林、湖、瀑、石、水多种景观于一体，有“超级盆景”之美誉。大七孔景区以原始森林、奇峰溶洞、峡谷伏流为主要景观，自然风光中独具一格，生态环境保存完好，无论是拍摄昆虫还是风景，都是值得一去的地方。

五、六月是去荔波比较合适的时间，景区里的河道水流湍急，涨水较快，在拍摄中要注意安全。

11. 贵州梵净山

梵净山位于贵州铜仁地区的印江县、江口县、松桃县交界处，为武陵山脉主峰，海拔 2494 米。1982 年被联合国列为一级世界生态保护区，梵净山不仅风光优美，而且拥有丰富的野生动植物资源。

梵净山管理处对摄影爱好者比较尊重，如果你能够提供摄影家协会的证件，还可以免票进入。

建议在 7~9 月份去拍昆虫比较合适，4~5 月份气温还是比较低，10 月份高山地区昆虫也变少了。

## 6.3 户外小知识

无论是拍摄动物、昆虫还是风景，或者是进行各种户外徒步活动，当你身处在野外，应该记住一条原则：安全第一。而充足的准备、合理的行为是预防危险发生的重要前提。

下面为大家列出在野外拍摄中一些预防危险的小技巧，还有万一被毒虫咬伤之后的简单处理方法。

### 6.3.1 野外拍摄预防危险的十二条小技巧

（1）结伴同行。当要到偏远的郊区野外拍摄，应与影友同行，不要独自前行。

（2）防蚊液、矿泉水、充足电量的手机是必须携带的；如果长时间拍摄，应该带上巧克力类的高热量食品，可以迅速补充能量。

（3）长裤、高帮一些的鞋子，宽帽檐的帽子，透气凉爽长袖上衣。

（4）如果要进入原始森林林区深处拍摄，必须请熟悉地形的当地人做向导。

（5）在野外拍摄中，互相之间不要离得太远，不要超出声音能够听见的范围。

（6）在草丛杂树中拍摄，要先观察一下目标周围的环境，确认是否有未知的危险因素。

（7）对于某些昆虫和小动物，千万不要徒手去抓它们，如蜘蛛、蜈蚣，蝎子、猎蝽、黄蜂等，它们都带有毒性。如果有蜘蛛爬到手上，不要紧张，它们通常在受到威胁的时候才会发动攻击，可以引诱它爬到叶子上即可，不要对其进行拍打或者拖拉。

（8）在河边、山谷中拍摄，要注意是否存在河水急涨、山洪暴发的可能。

（9）要远离危险的地方，如悬崖，大型马蜂窝等等。

（10）尽量不要做危险的拍摄动作，如爬树，攀爬高处。

（11）留意自己身体的变化，如是否头晕、裸露的皮肤有没有被蚊子叮咬，异常的痒、刺痛都应立即引起警觉，并马上寻求解决方法。

（12）互相帮助，尽力去帮助有需要的影友，分享自己的发现，并随时提醒同行的影友，要有团队意识。

### 6.3.2 六个怎么办

（1）如何驱赶蚊子?

拍摄前在裸露的皮肤上涂抹防蚊液。注意，不能涂在额头，因为汗水会把这些刺激性液体带到你的眼睛里。

（2）被毛虫螫伤怎么办?

被刺蛾幼虫螫伤，皮肤上会粘有毒毛，可用氧化锌胶布或透明胶带贴在患处拔除毒毛，然后涂上万金油或者风油精，就可以消除肿痒。

（3）遇到黄蜂了怎么办?

单只黄蜂并不可怕，可怕的是群蜂，除非你做了足够的防护措施，不然不要去招惹它们，因为有些种类的蜂毒性很高，被群起攻之的话，甚至可能有生命危险。

被普通的黄蜂刺伤，可在伤口处涂抹风油精，或者用蜂蛹捣碎涂上也很有效。

（4）被蜈蚣咬伤怎么办?

如果被蜈蚣咬伤，在伤口处涂抹肥皂水、氨水或旱烟油，用蛇药涂抹患处也很有效。如果没有，应急的时候可以用新鲜蒲公英捣碎敷在患处。

（5）被蜱虫咬了怎么办?

在森林中拍摄，休息时不要靠在树干或坐在枯枝落叶上，以免藏在这些地方的蜱虫爬进衣服内。要随时注意感觉自己身体的皮肤上有无异物蠕动或叮咬。

如果发现蜱叮咬，不要慌张，可以点燃香烟，将燃点靠近蜱烘烤，蜱虫会不能忍受而松开叮咬，然后用碘酒或消毒酒精对创口消毒，严重者应到医院治疗。

（6）被毒蛇咬了怎么办?

毒蛇头部多为三角形，蛇身斑纹鲜艳，尾部较短粗，牙齿较长。被毒蛇咬伤的，常会在患处发现 2~4 个大而深的牙痕，局部疼痛。

被无毒蛇咬伤的，一般有两排“八”字形牙痕，小而浅，排列整齐，伤处无明显疼痛。对一时无法确定的，则应按毒蛇咬伤处理。

①立即就地自救或互救，千万不要惊慌、奔跑，那样会加快毒素的吸收和扩散。

②立即用皮带、布带、手帕、绳索等物在距离伤口 3~5 厘米的地方缚扎，以减缓毒素扩散速度。每隔 20 分钟需放松 2~3 分钟，以避免肢体缺血坏死。

③尽快食用蛇药，咬伤 24 小时后再用药无效。同时可用温开水或唾液将药片调成糊状，涂在伤口周围的 2 厘米处，伤口上不要包扎。

④处理后，立即送进医院救治。

以上的方法可作为应急所用，适用于较轻的症状，如果伤情严重，或者不能判断，应及时到医院进行救治。

《格桑花》——格桑花又称格桑梅朵，在藏语中，"格桑"是"美好时光"或"幸福"的意思，"梅朵"是花的意思，所以格桑花也叫幸福花。

《兰花》——桂林阳朔，几株不知名的兰花在岩石上散发出缕缕清香，让人流连忘返！

《交尾中的象甲》——象甲，俗称象鼻虫。全世界已出现其品种有 50000 种以上，分布遍及全球。

《暗箭》——谢鞋山保护区，一条青竹蛇弓着身子，躲在叶子后面，伺机向猎物发动攻击。

《盛夏》——炎热的夏天，数不清的鸣蝉聚在一起，制造了一场不小的人工降雨。

《守株待兔》——这只白色的蟹蛛悄悄地埋伏在花中，只等猎物送上门。

《青凤蝶》——夜晚，一只青凤蝶在叶子上休息，翅膀上的纹路和色彩非常的漂亮。

《色蟌》——溪水边上，一只正在展示它那迷人金属色彩的精灵。

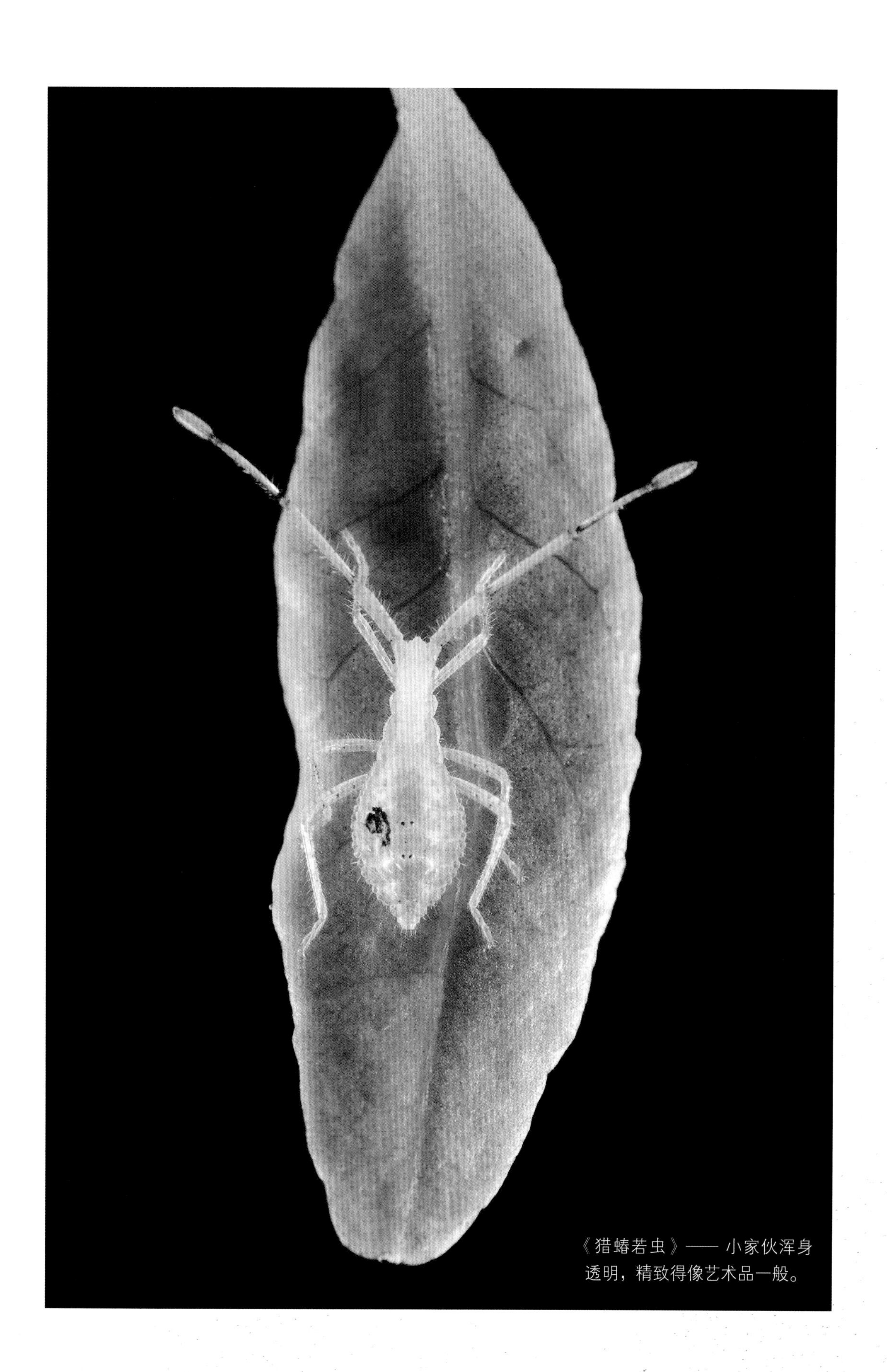

《猎蝽若虫》—— 小家伙浑身透明，精致得像艺术品一般。

《倾命一吻》——问世间情为何物？情爱，不仅仅是人类才有！

《雨夜蛙声》——郊外，一只绿色的小蛙正用嘹亮的歌声吸引着另一半的到来。

《招潮蟹》——红树林里，招潮蟹做出舞动大螯的“招潮”动作，既可以威吓敌人，又可以求偶。

《泥蜂》——泥蜂和蜜蜂不同，大多数为独栖性，但它绝对是一个非常出色的建筑师。

《蜉蝣》——蜉蝣是最原始的有翅昆虫，翅膀不能折叠。幼虫水生，成虫前要在水里生活一至三年，成虫后不取食，寿命很短。

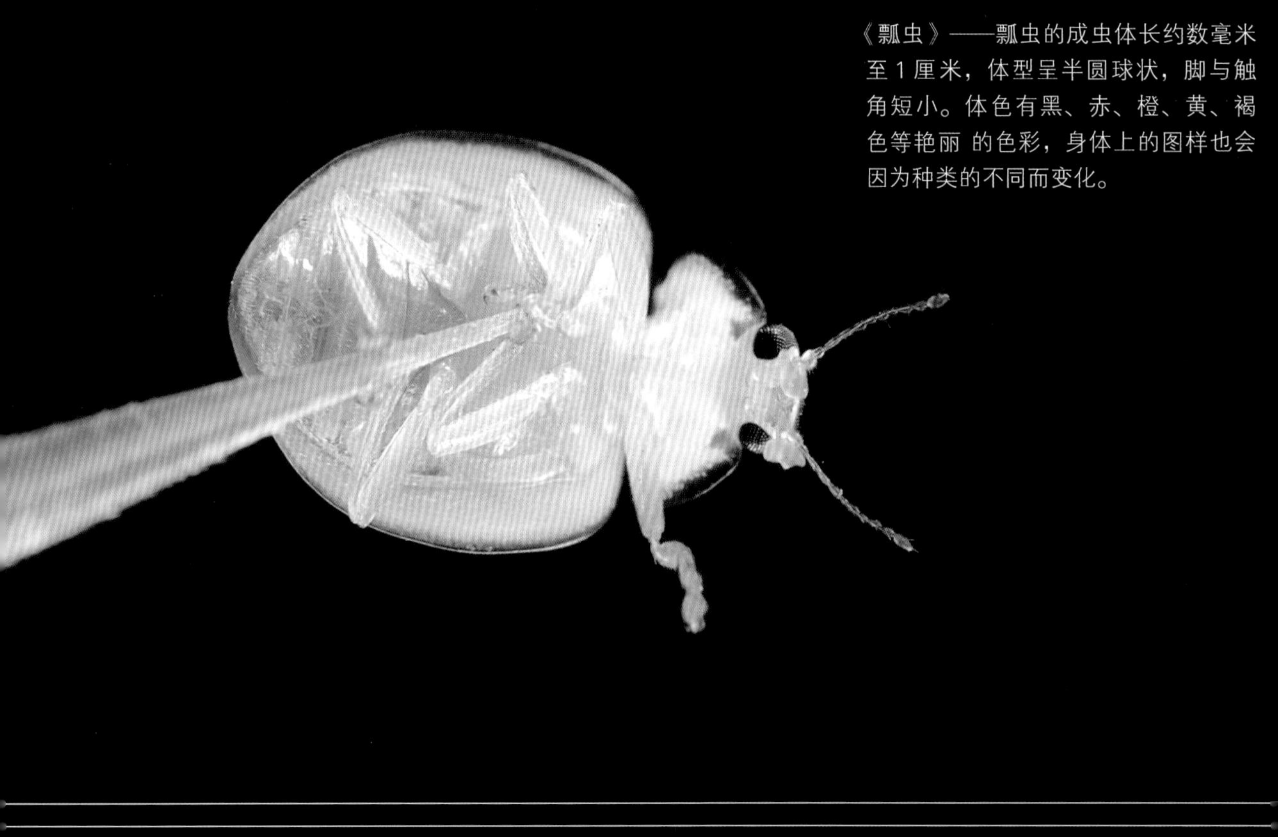

《瓢虫》——瓢虫的成虫体长约数毫米至 1 厘米，体型呈半圆球状，脚与触角短小。体色有黑、赤、橙、黄、褐色等艳丽 的色彩，身体上的图样也会因为种类的不同而变化。

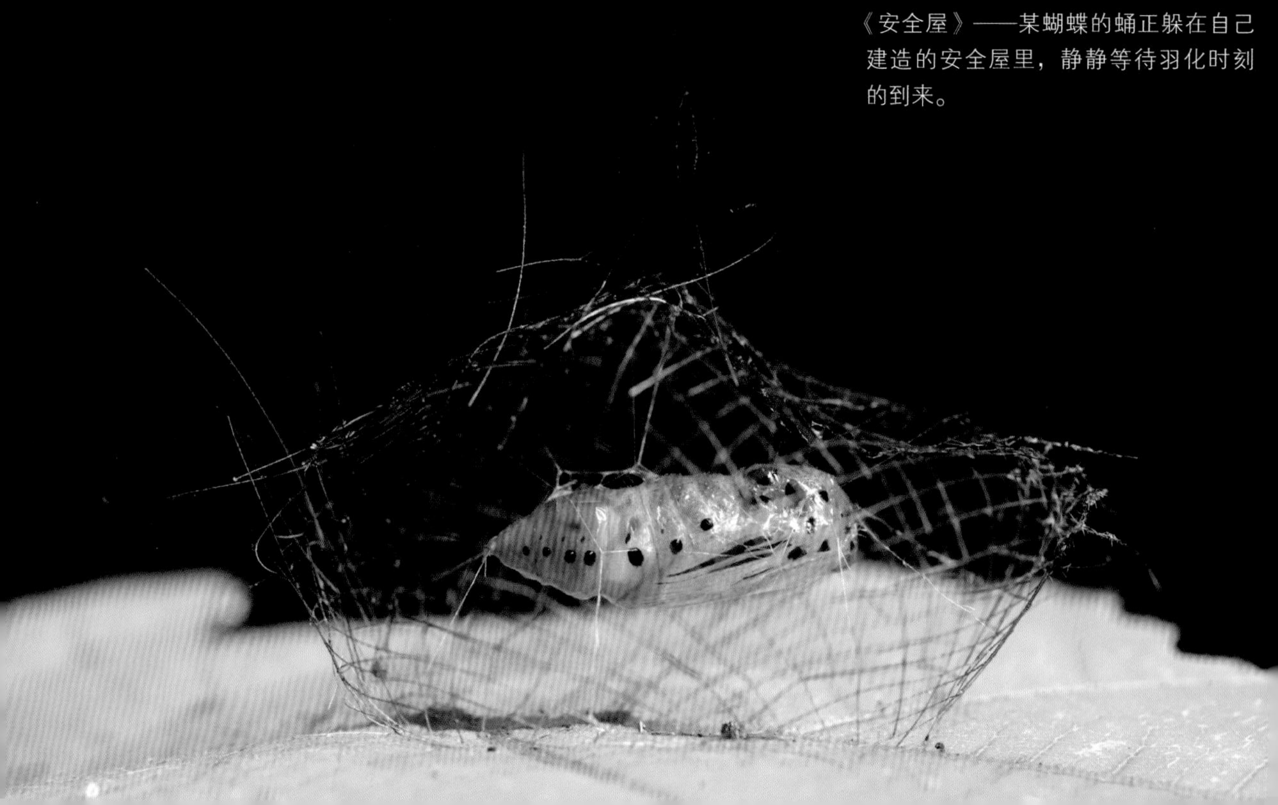

《安全屋》——某蝴蝶的蛹正躲在自己建造的安全屋里，静静等待羽化时刻的到来。

《棒打鸳鸯》——这个杀手有点不解风情，要将恩爱中的果蝇夫妇生生拆散。

《阵列》——蝴蝶妈妈把卵排得
如此整齐，真让人惊叹。

《奇幻仙境》——在广西八寨沟的溪流中，美丽的色蟌正在展示着它的迷人金属色彩。

《金毛虫王》——在龙潭森林公园，遇到了这条霸气十足的毛毛虫，让我想起了印第安的酋长。

《片头叶蝉》——这家伙是个隐身高手，而且善跳，我费了很大的功夫才拍了几张满意的照片。

# 鸣 谢

在本书编写与出版中，得到了很多师长、朋友的支持，在这里，谨向你们表示衷心感谢！

感谢《大众摄影》郑壬杰社长的鼓励与帮助，并亲笔为本书作《序》。

感谢中国电力出版社的马首鳌先生，谢谢您的耐心。谢谢《大众摄影》的郭铁老师、青少年摄影教育指导委员会的董靓老师、腾龙公司的丰志斌先生，一直给予我精神支持的大导演侯鹏老师，感谢你们对我的支持！

感谢尼康公司、腾龙公司、理光公司、辉驰公司、中山立信公司、辰采贸易公司，感谢你们提供的器材支持。

还要感谢花田摄影俱乐部的所有影友，感谢小波、钟建明、套头、蛋蛋、虎头、山哥、陈元宇、李抒、尤总、戚森、陈裕、吕华、黄跃、海浪、巫朝星……谢谢这些喜欢微距摄影的朋友，感谢你们伴我一起闯荡森林！和志同道合的朋友在一起，摄影自然更加充满乐趣！

感谢湛江市摄影家协会的严余昌、方雄、李静、肖光洲、刘芳等前辈老师，谢谢你们对我的帮助。

感谢天成文化传播有限公司的后期编辑龙晓文，谢谢您的辛勤付出。

感谢我的家人，感谢所有关注我的朋友！

当然，一定要感谢购买本书的您，谢谢您对我作品的支持与欣赏！

天成

2018.11.27